常用危险化学品安全信息手册

Safety information manual for hazardous chemicals

主　编　杨　哲

副主编　郭秀云　翟良云

中国石化出版社

内 容 提 要

本书收录了氨、甲醇、乙炔、甲苯、硝酸铵等100种危险化学品的安全与应急处置信息，涵盖了国家应急管理部公布的74种重点监管危险化学品和部分常用危险化学品；每种化学品包括化学品标识信息、理化特性、危险性概述、包装与储运、紧急处置信息等内容。

本书内容简明扼要、数据可靠、实用性强、查阅方便，可广泛适用于在化学、化工领域工作的一线员工、管理人员以及从事安全、卫生、环保、事故预防与应急救援人员使用。

图书在版编目(CIP)数据

常用危险化学品安全信息手册 / 杨哲主编. —北京：中国石化出版社，2021.4

ISBN 978-7-5114-6178-0

Ⅰ.①常… Ⅱ.①杨… Ⅲ.①化学品-危险物品管理-安全管理-手册 Ⅳ.①TQ086.5-62

中国版本图书馆CIP数据核字(2021)第044020号

中国石化出版社出版发行

地址:北京市东城区安定门外大街58号

邮编:100011　电话:(010)57512500

发行部电话:(010)57512575

http://www.sinopec-press.com

E-mail:press@sinopec.com

北京富泰印刷有限责任公司印刷

全国各地新华书店经销

*

787×1092毫米32开本12印张247千字

2021年4月第1版　2021年4月第1次印刷

定价:45.00元

编 委 会

前　　言

随着经济社会快速发展，化工行业成为国民经济支柱产业，我国也已成为危险化学品生产使用大国。自2010年开始至今，石油化工产值一直排名世界第一，当前约占世界总产值的40%，占我国GDP的13.8%。

化工行业的发展极大地改善了人们的生活，但其固有的危险特性也给人们带来了较大威胁。化学品从生产、储存、运输、经营、使用，直至废弃，如果管理不善或防护不当，很容易发生化学品事故，造成人员伤亡、财产损失和环境污染，甚至会造成恶劣的社会影响。因此，了解化学品的危险特性、掌握事故状态下的紧急处理方法，对指导作业人员进行安全操作、预防事故发生及发生事故后进行应急处置具有重要意义。

我国政府高度重视危险化学品安全管理工作，近年来，我国危险化学品安全管理力度不断加强，危险化学品安全管理的有关法律、法规和标准进一步完善，人们对获得准确、可靠的危险化学品安全信息的愿望也越来越强烈。为此，应急管理部化学品登记中心在收集、研究国内外相关技术资料的基础上，结合多年来危险化学品安全数据经验，组织编写了《常用危险化学品安全信息手册》一书。

本书的“危险化学品安全信息”是从“化学品安全技术说明书”(SDS)的16个部分中选取了30余项常用信息，结合国内、国际化学品最新数据重新组织而成。内容包括“化学品标识信息”“理化特性”“危险性概述”“包装与储运”以及“紧急处置信息”五部分，涵盖了化学品各方面常用信息。各项数据在对比了国内外数十个权威数据库的基础上，经反复研究、筛选确定。选录的100种化学品包含重点监管的危险化学品，是目前我国产量大、流通量大、最常用的化学品，也是危险性较大的化学品，均已列入《危险化学品目录(2015版)》。

《常用危险化学品安全信息手册》对于读者快速查阅危险化学品安全信息，提高危险化学品安全管理水平和现场应急处置能力具有重要指导作用。相信在全社会各方面专业人员的共同努力下，危险化学品安全生产工作水平会得到新的提升。

由于编者水平所限，对书中的不妥之处，敬请读者给予批评指正。

编写说明

项目编写和解释

一、化学品标识信息

指化学品的名称、CAS号、主要用途等信息。包括下列项目：

（1）中文名称　化学品的中文名称。命名主要是依据中国化学会1980年推荐使用的《有机化学命名原则》和《无机化学命名原则》进行的。

（2）英文名称　化学品的英文名称。命名是按国际通用的IUPAC（International Union of Pure & Applied Chemistry）1950年推荐使用的命名原则进行的。

（3）CAS号　CAS是Chemical Abstract Service的缩写。CAS号是美国化学文摘社对化学物质登录的检索服务号。该号是检索化学物质有关信息资料最常用的编号。

（4）UN号　即联合国危险货物编号，提供联合国《关于危险货物运输的建议书规章范本》中的联合国危险货物编号（即物质或混合物的4位数字识别号码）。见《危险货物品名表》（GB 12268）。

（5）主要用途　提供化学品的推荐或预期用途。大多数化学品的用途很广泛，此处只列举化工方面的主要用途。

二、理化特性

(1) 物理状态、外观　是对化学品外观和状态的直观描述。主要包括常温常压下该物质的颜色、气味和存在的状态。同时还采集了一些难以分项的性质，如潮解性、挥发性等。

(2) pH值　表示氢离子浓度的一种方法。其定义是氢离子活度的常用负对数。

(3) 熔点　固体将其物态由固态转变(熔化)为液态的温度。一般情况填写常温常压的数值，特殊条件下得到的数值，标出技术条件。

(4) 沸点　在101.3kPa大气压下，物质由液态转变为气态的温度称为沸点。一般填写常温常压的沸点值，若不是在101.3kPa大气压下得到的数据或者该物质直接从固态变成气态(升华)，或者在溶解(或沸腾)前就发生分解的，则在数据之后用“( )”标出技术条件。

(5) 相对密度(水=1)　在给定的条件下，某一物质的密度与参考物质(水)密度的比值。填写20℃时物质的密度与4℃时水的密度比值。

(6) 相对蒸气密度(空气=1)　在给定的条件下，某一物质的蒸气密度与参考物质(空气)密度的比值。填写0℃时物质的蒸气与空气密度的比值。

(7) 饱和蒸气压　在一定温度下，真空容器中纯净液体与蒸气达到平衡时的压力。用kPa表示，并标明温度。

(8) 燃烧热　指1mol某物质完全燃烧时产生的热量，用kJ/mol表示。

(9) 临界温度　物质处于临界状态时的温度。就是加压后使气体液化时所允许的最高温度，用℃表示。

(10) 临界压力　物质处于临界状态的压力。就是在临界温度时使气体液化所需要的最小压力，也就是液体在临界温度时的饱和蒸气压，用 MPa 表示。

(11) 辛醇/水分配系数　当一种物质溶解在辛醇/水的混合物中时，该物质在辛醇和水中浓度的比值称为分配系数，通常以 10 为底的对数形式($\lg K_{ow}$)表示。辛醇/水分配系数是用来预计一种物质在土壤中的吸附性、生物吸收、亲脂性和生物富集的重要参数。

(12) 闪点　指在规定的条件下，试样被加热到它的蒸气与空气的混合气体接触火焰时，能产生闪燃的最低温度。闪点有开杯和闭杯两种值，书中的开杯值用(OC)标注，闭杯值用(CC)标注。闪点是评价液体物质燃爆危险性的重要指标，闪点越低，燃爆危险性越大。

(13) 自燃温度　是指物质在没有火焰、火花等火源作用下，在空气或氧气中被加热而引起燃烧的最低温度。

自燃温度是一个非物理常数，它受各种因素的影响，如可燃物浓度、压力、反应容器、添加剂等。自燃温度越低，则该物质的燃爆危险性越大。

(14) 爆炸极限　易燃和可燃气体、液体蒸气、粉尘与空气形成混合物，遇火源即能发生燃烧爆炸的最低浓度，称为该气体、蒸气或粉尘的爆炸下限；同时，易燃和可燃气体、蒸气或粉尘与空气形成混合物，遇火源即能发生燃烧爆炸的最高浓度，称为爆炸上限。上下限之间的浓度范围称为爆炸范围。爆炸极限通常用可燃气体或蒸气在混合气中的体积分数[%(V/V)]表示，粉尘的爆炸极限用 mg/m^3 表示。

爆炸极限是评价可燃气体、蒸气或粉尘能否发生爆炸的重要参数，爆炸下限越低，爆炸极限范围越宽，则该物质的爆炸危险性越大。

(15) 分解温度　指物质发生无氧化作用的不可逆化学分解的温度。

(16) 黏度　液体或半流体流动难易的程度。流动越难的物质，其黏度越大，如胶水、浆糊等都是黏度较大的物质。将两块面积为 $1m^2$ 的板浸于液体中，两板距离为 1m，若加 1N 的切应力，使两板之间的相对速率为 1m/s，则此液体的黏度为 1Pa·s。黏度除以密度可以得出运动黏度，运动黏度是判定物质吸入危害的一个关键参数。

三、危险性概述

(1) 危险性说明　包括物理危险、健康危害、环境危害三部分，分别用规范的汉字短语表述，对应于化学品的每个种类或类别。

(2) 危险性类别　指根据《危险化学品目录(2015版)》《危险化学品目录(2015版)实施指南(试行)》以及《化学品分类和标签规范》系列国家标准(GB 30000.2~30000.29)进行的分类。

(3) 象形图　指《全球化学品统一分类和标签制度》(GHS)中，用于标识化学品危险性信息，由符号、边线、背景图案或颜色组成的图形。GHS制度中的象形图包括爆炸弹、火焰、圆圈上方火焰、高压气瓶、腐蚀、骷髅和交叉骨、感叹号、健康危险、环境共9个图形。

(4) 警示词　用来表明危险的相对严重程度

和提醒读者注意潜在危险的词语。使用"危险""警告"作为警示词。

(5)物理危险　简要描述化学品潜在的物理和化学危险性，主要是燃烧爆炸危险性。

(6)健康危害　简要描述化学毒物经不同途径侵入机体后引起的急慢性中毒的典型临床表现，以及毒物对眼睛和皮肤等直接接触部位的损害作用。很少涉及化验和特殊检查所见。对一些无人体中毒资料或人体中毒资料较少的毒物，以动物实验资料补充。

(7)侵入途径　化学毒物主要通过三种途径侵入机体而引起伤害，即吸入、食入和经皮吸收。在工业生产中，吸入和经皮吸收是毒物侵入机体的主要途径。

(8)职业接触限值　是对接触职业有害因素(如化学、生物和物理因素)所规定的容许(可接受的)接触水平，即限量标准。目前，各国制定的车间空气中化学物质的职业接触限值的类型各不相同。本书采用的化学物质的职业接触限值为：

①《工作场所有害因素职业接触限值》(GBZ 2.1)：

a. 时间加权平均容许浓度(PC-TWA)　指以时间为权数规定的8h工作日的平均容许接触水平。用mg/m^3表示。

b. 最高容许浓度(MAC)　指工作地点、在一个工作日内、任何时间均不应超过的有毒物质的浓度。用mg/m^3表示。

c. 短时间接触容许浓度(PC-STEL)　指一个工作日内，任何一次接触不得超过15min时间加权平均的容许接触水平。

②美国政府工业卫生学家会议(ACGIH)阈限值(TLV):

a. 时间加权平均阈限值(TLV-TWA)　指每日工作8h或每周工作40h的时间加权平均浓度,在此浓度下反复接触对几乎全部工人都不致产生不良效应。单位为mg/m^3或ppm。

b. 短时间接触阈限值(TLV-STEL)　是在保证遵守TLV-TWA的情况下,容许工人连续接触15min的最大浓度。此浓度在每个工作日中不得超过4次,且两次接触间隔至少60min。它是TLV-TWA的一个补充。单位为mg/m^3或ppm。

c. 阈限值的峰值(TLV-C)　瞬时亦不得超过的限值。是专门对某些物质如刺激性气体或以急性作用为主的物质规定的。单位为mg/m^3或ppm。

四、包装与储运

(1) 联合国危险性类别　提供联合国《规章范本》中根据物质或混合物的最主要危险性划定的物质或混合物的运输危险性类别(和次要危险性)。见GB 12268。

(2) 联合国包装类型　根据危险性大小确定的包装级别。见GB 12268。

(3) 安全储运　为使用者提供应该了解或遵守的其他与运输或运输工具有关的特殊防范措施方面的信息,包括:

① 对运输工具的要求;

② 消防和应急处置器材配备要求;

③ 防火、防爆、防静电等要求;

④ 禁配要求;

⑤ 行驶路线要求;

⑥ 其他运输要求。

包括储存的基本条件和要求、注意事项、禁忌物、防火防爆要求。数据的采集分两个层次：一是按照物质的特性提出基本的注意事项，如易燃物的防火防爆、防静电，活泼金属的惰性保护，易聚合物质阻聚剂的添加，禁水物质的防潮，剧毒物品实行双人收发、双人保管制度等；二是按类分层次统一处理，尽量做到同一物质数据相近。

其中，储存温度与湿度主要根据《常用危险化学品贮存通则》(GB 15603)、《易燃易爆性商品储存养护技术条件》(GB 17914)、《腐蚀性商品储存养护技术条件》(GB 17915)、《毒害性商品储存养护技术条件》(GB 17916)等国家标准编写。

五、紧急处置信息

(1)急救措施　根据化学品的不同接触途径，按照吸入、皮肤接触、眼睛接触和食入的顺序，分别描述相应的急救措施。如果存在除中毒、化学灼伤外必须处置的其他损伤(例如低温液体引起的冻伤、固体熔融引起的烧伤等)，也应说明相应的急救措施。

在现场急救中应重点注意以下几个问题：①施救者要做好个体防护，佩戴合适的防护器具。②迅速将患者移至空气新鲜处，解开衣领和腰带，取出口中义齿和异物，保持呼吸道通畅。呼吸困难和有紫绀者给吸氧，注意保暖。③如有呼吸心跳停止者，应立即进行人工呼吸和胸外心脏按压术，一般不要轻易放弃。对氰化物等剧毒物质中毒者，不要进行口对口人工呼吸。④某些毒物中毒的特殊解毒剂，应在现场即刻使用，如氰化物中毒，应吸入亚硝酸异戊酯。⑤皮肤接触强腐蚀性和易经皮肤吸收引起中毒的物质时，要迅速脱去污染的衣着，立即用大量流动清水或肥皂水彻底清洗，清洗时应注意头发、手足、指甲及皮肤皱褶处，冲洗时间不少于15min。⑥眼睛受污染时，用流水彻底冲洗。对强刺激和腐蚀性物质冲洗时间不少于15min。冲洗时应将眼睑提起，注意将结膜囊内的化学物质全部冲出，要边冲洗边转动眼球。⑦口服中毒患者应首先催吐，尤其是LD_{50}<200mg/kg且能被快速吸收的毒物，应立即催吐。在催吐前给饮水500～600mL(空胃不易引吐)，然后用手指或钝物刺激舌根部和咽后壁，即可引起呕吐。催吐要反复数次，直至呕吐物纯为饮入的清水为止。为防止呕吐物呛入气道，患者应取侧卧、头低体位。以下情况禁止催吐：意识不清的患者，或预计半小时内会出现意识障碍的患者；吞服强酸、强碱等腐蚀性毒物者；吞服低黏度有机溶剂，一旦呕吐物呛入呼吸道可造成吸入性肺炎，也不能催吐。对于口服中毒应否催吐，本书主要以《国际化学品安全卡》为依据。⑧迅速将患者送往就近医疗部门做进一步检查和治疗。在护送途中，应密切观察呼吸、心跳、脉搏等生命体征；某些急救措施，如输氧、人工心肺复苏术等亦不能中断。

(2)灭火方法　描述灭火过程中应注意的有关事项，主要包括：①消防人员应配备的个体防护装备，如全身消防防护服、防火防毒服、防护靴、空气呼吸器等；②灭火过程中对火场容器的冷却与处理措施；③灭火过程中发生异常情况时消防人员应采取的安全、紧急避险措施。

灭火剂：主要介绍化学品发生火灾后或化学品处于火场情况下，灭火时可选用的灭火剂及禁止使用的灭火剂。部分化学品火灾适用灭火剂的选用参见GB 17914、GB 17915和GB 17916。

(3)泄漏应急处置　在化学品的生产、储运和使用过程中，常常发生一些意外的破裂、倒洒等事故，造成危险品的外漏，需要采取简单有效的应急措施和消除方法来消除或减小泄漏危害，即泄漏处理。

① 人员防护措施、防护装备和应急处置程序：

包括切断点火源，疏散无关人员，隔离泄漏污染区等。如果泄漏物是易燃物，则必须首先消除泄漏污染区域的点火源。是否疏散和隔离，视泄漏物毒性和泄漏量的大小而定。给出了呼吸系统(呼吸器)和皮肤(防护服)的防护，但并未给出防护级别，所以实际应用时应根据具体情况，选择适当的防护用品。

② 环境保护措施：

介绍了在泄漏事故处理过程中应注意的事项及如何避免泄漏物对周围环境带来的潜在危害。

③ 泄漏化学品的收容、清除方法及所使用的处置材料：

主要根据物质的物态(气、液、固)及其危险性(燃爆特性、毒性)给出具体的处置方法。本书中所谓的小量泄漏是指单个小包装(小于200L)、小钢瓶的泄漏或大包装(大于200L)的滴漏；大量泄漏是指多个小包装或大包装的泄漏。

a. 气体泄漏物　应急人员能做的仅是止住泄漏。如果可能的话，用合理通风和喷雾状水等方法消除其潜在影响。

b. 液体泄漏物　在保证安全的前提下切断泄漏源。采用适当的收容方法、覆盖技术和转移工具消除泄漏物。

c. 固体泄漏物　用适当的工具收集泄漏物。

有关问题的说明

(1) "职业接触限值"栏目中有关"[ ]"注释

限值后有[皮]标记者为除经呼吸道吸收外，尚易经皮肤吸收的有毒物质。

(2) 计量单位的使用

本书使用法定计量单位。为了读者使用方便，书中保留了一些有关专业中少量经常使用的单位，如 ppm，ppb 等。

ppm　百万分之一，10^{-6}；

ppb　十亿分之一，10^{-9}；

mg(g)/kg　每千克体重给予化学物质的毫克(克)数(用以表示剂量)，或每千克介质中含有化学物质的毫克(克)数(用以表示含量或浓度)；

mg(g)/m^3　每立方米空气中含化学物质的毫克(克)数(表示化学物质在空气中的浓度)。

目　　录

拼音索引

CAS号索引

1. 氨

化学品标识信息

中文名称：氨　　**别名：**液氨；氨气
英文名称：ammonia；ammonia liquefied；ammonia gas
CAS 号：7664-41-7　　**UN 号：**1005
主要用途：用作制冷剂及制取铵盐和氮肥。

理化特性

物理状态、外观：无色、有刺激性恶臭的气体。
爆炸下限[%(V/V)]：15
爆炸上限[%(V/V)]：28
pH 值：11.7(1%溶液)
临界温度(℃)：132.5
熔点(℃)：-77.7
沸点(℃)：-33.5
相对密度(水=1)：0.7(-33℃)
相对蒸气密度(空气=1)：0.59
饱和蒸气压(kPa)：506.62(4.7℃)
燃烧热(kJ/mol)：-316.25
闪点(℃)：-54
自燃温度(℃)：651

危险性概述

危险性说明：易燃气体，内装加压气体。遇热可能爆炸，吸入会中毒，造成严重的皮肤灼伤和眼损伤。对水生生物毒性非常大。
危险性类别：易燃气体，类别 2；加压气体；急性毒性-吸入，类别 3；皮肤腐蚀/刺激，类别 1B；严重眼损伤/眼刺激，类别 1；危害水生环境-急性危害，类别 1。

象形图：    

警示词： 危险。

物理化学危险性： 易燃，与空气混合能形成爆炸性混合物。

健康危害：

低浓度氨对黏膜有刺激作用，高浓度可造成组织溶解坏死。

轻度中毒者出现流泪、咽痛、声音嘶哑、咳嗽、咯痰等；眼结膜、鼻黏膜、咽部充血、水肿；胸部 X 线征象符合支气管炎或支气管周围炎。中度中毒上述症状加剧，出现呼吸困难、紫绀；胸部 X 线征象符合肺炎或间质性肺炎。重度中毒发生中毒性肺水肿，或有呼吸窘迫综合征，患者剧烈咳嗽、咯大量粉红色泡沫痰、呼吸窘迫、谵妄、昏迷、休克等。可发生喉头水肿或支气管黏膜坏死脱落窒息。可并发气胸或纵隔气肿。高浓度氨可引起反射性呼吸停止。液氨或高浓度氨气可致眼灼伤；液氨可致皮肤灼伤。

侵入途径： 吸入。

职业接触限值：

中国：PC-TWA 20mg/m^3；PC-STEL 30mg/m^3。

美国(ACGIH)：TLV-TWA 25ppm；TLV-STEL 35ppm。

包装与储运

联合国危险性类别： 2.3

联合国次要危险性： 8

联合国包装类别： —

安全储运：

储存于阴凉、干燥、通风的有毒气体专用库房。远离火种、热源。库温不宜超过 30℃。应与氧化剂、酸类、卤素、食用化学品分开存放，切忌混储。采用防爆型照明、通风设施。禁止使用易产生火花的机械设备和工具。储区应备有泄漏应急处理设备。
本品铁路运输时限使用耐压液化气企业自备罐车装运，装运前需报有关部门批准。采用钢瓶运输时必须戴好钢瓶上的安全帽。钢瓶一般平放，并应将瓶口朝同一方向，不可交叉；高度不得超过车辆的防护栏板，并用三角木垫卡牢，防止滚动。运输时运输车辆应配备相应品种和数量的消防器材及泄漏应急处理设备。装运该物品的车辆排气管必须配备阻火装置，禁止使用易产生火花的机械设备和工具装卸。严禁与氧化剂、酸类、卤素、食用化学品等混装混运。夏季应早晚运输，防止日光曝晒。中途停留时应远离火种、热源。公路运输时要按规定路线行驶，禁止在居民区和人口稠密区停留。铁路运输时要禁止溜放。

紧急处置信息

急救措施：

吸入：迅速脱离现场至空气新鲜处。保持呼吸道通畅。如呼吸困难，给输氧。呼吸、心跳停止，立即进行心肺复苏术。就医。

皮肤接触：立即脱去污染的衣着，用大量流动清水彻底冲洗至少15min。就医。

眼睛接触：立即分开眼睑，用流动清水或生理盐水彻底冲洗5～10min。就医。

灭火方法：

切断气源。若不能切断气源，则不允许熄灭泄漏处的火焰。消防人员必须佩戴空气呼吸器、穿全身防火防毒服，在上风向灭火。尽可能将容器从火场移至空旷处。喷水保持火场容器冷却，直至灭火结束。

灭火剂：用雾状水、抗溶性泡沫、二氧化碳、砂土灭火。

泄漏应急处置：

消除所有点火源。根据气体的影响区域划定警戒区，无关人员从侧风、上风向撤离至安全区。建议应急处理人员穿内置正压自给式呼吸器的隔绝式防护服。如果是液化气体泄漏，还应注意防冻伤。尽可能切断泄漏源。防止气体通过下水道、通风系统和有限空间扩散。若可能翻转容器，使之逸出气体而非液体。喷雾状水稀释、溶解，同时构筑围堤或挖坑收容产生的大量废水。如果钢瓶发生泄漏，无法关闭时可浸入水中。储罐区最好设稀酸喷洒设施。隔离泄漏区直至气体散尽。

2. 苯

化学品标识信息

中文名称：苯　　　　**别名**：

英文名称：benzene；benzol；phene

CAS 号：71-43-2　　　　**UN 号**：1114

主要用途：用作溶剂及合成苯的衍生物、香料、染料、塑料、医药、炸药、橡胶等。

理化特性

物理状态、外观：无色透明液体，有强烈芳香味。

爆炸下限[%(V/V)]：1.2

爆炸上限[%(V/V)]：8.0

熔点(℃)：5.5

沸点(℃)：80.1

相对密度(水=1)：0.88

相对蒸气密度(空气=1)：2.77

饱和蒸气压(kPa)：9.95(20℃)

燃烧热(kJ/mol)：-3264.4

危险性概述

危险性说明：高度易燃液体和蒸气，造成皮肤刺激，造成严重眼刺激，可造成遗传性缺陷，可能致癌，长时间或反复接触对器官造成损伤，吞咽及进入呼吸道可能致命，对水生生物有毒，对水生生物有害并具有长期持续影响。

危险性类别：易燃液体，类别 2；皮肤腐蚀/刺激，类别 2；严重眼损伤/眼刺激，类别 2；生殖细胞致突变性，类别 1B；致癌性，类别 1A；特异性靶器官毒性-反复接触，类别 1；吸入危害，类别 1；危害水生环境-急性危害，类别 2；危害水生环境-长期危害，类别 3。

象形图：   

警示词： 危险。

物理化学危险性： 高度易燃，其蒸气与空气混合，能形成爆炸性混合物。

健康危害：

高浓度苯对中枢神经系统有麻醉作用，引起急性中毒；长期接触苯对造血系统有损害，引起慢性中毒。

急性中毒：轻者有头痛、头晕、恶心、呕吐、轻度兴奋、步态蹒跚等酒醉状态，可伴有黏膜刺激；重度中毒者发生烦躁不安、昏迷、抽搐、血压下降，以致呼吸和循环衰竭。可发生心室颤动。呼气苯、血苯、尿酚测定值增高。

慢性中毒：主要表现有神经衰弱综合征；造血系统改变有白细胞减少(计数低于 $4\times10^9/L$)、血小板减少，重者出现再生障碍性贫血；并有易感染和(或)出血倾向。少数病例在慢性中毒后可发生白血病(以急性粒细胞性为多见)。皮肤损害有脱脂、干燥、皲裂、皮炎。可致月经量增多与经期延长。

侵入途径： 吸入、食入、经皮吸收。

职业接触限值：

中国：PC-TWA 6mg/m^3；PC-STEL 10mg/m^3[皮][G1]。

美国(ACGIH)：TLV-TWA 0.5ppm；TLV-STEL 2.5ppm[皮]。

包装与储运

联合国危险性类别： 3
联合国次要危险性：
联合国包装类别： Ⅱ类
安全储运：

储存于阴凉、通风的库房。远离火种、热源。库温不宜超过37℃。保持容器密封。应与氧化剂、食用化学品分开存放，切忌混储。采用防爆型照明、通风设施。禁止使用易产生火花的机械设备和工具。储区应备有泄漏应急处理设备和合适的收容材料。

本品铁路运输时限使用钢制企业自备罐车装运，装运前需报有关部门批准。运输时运输车辆应配备相应品种和数量的消防器材及泄漏应急处理设备。夏季最好早晚运输。运输时所用的槽(罐)车应有接地链，槽内可设孔隔板以减少震荡产生静电。严禁与氧化剂、食用化学品等混装混运。运输途中应防曝晒、雨淋，防高温。中途停留时应远离火种、热源、高温区。装运该物品的车辆排气管必须配备阻火装置，禁止使用易产生火花的机械设备和工具装卸。公路运输时要按规定路线行驶，勿在居民区和人口稠密区停留。铁路运输时要禁止溜放。严禁用木船、水泥船散装运输。

紧急处置信息

急救措施：

吸入：迅速脱离现场至空气新鲜处。保持呼吸道通畅。如呼吸困难，给输氧。呼吸、心跳停止，立即进行心肺复苏术。就医。

皮肤接触：立即脱去污染的衣着，用流动清水彻底冲洗。就医。

眼睛接触：立即分开眼睑，用流动清水或生理盐水彻底冲洗。就医。

食入：饮水，禁止催吐。就医。

灭火方法：

消防人员必须佩戴空气呼吸器、穿全身防火防毒服，在上风向灭火。喷水冷却容器，可能的话将容器从火场移至空旷处。容器突然发出异常声音或出现异常现象，应立即撤离。用水灭火无效。

灭火剂：用泡沫、干粉、二氧化碳、砂土灭火。

泄漏应急处置：

消除所有点火源。根据液体流动和蒸气扩散的影响区域划定警戒区，无关人员从侧风、上风向撤离至安全区。建议应急处理人员戴正压自给式呼吸器，穿防毒、防静电服，戴橡胶耐油手套。作业时使用的所有设备应接地。禁止接触或跨越泄漏物。尽可能切断泄漏源。防止泄漏物进入水体、下水道、地下室或限制性空间。

小量泄漏：用砂土或其他不燃材料吸收。使用洁净的无火花工具收集吸收材料。

大量泄漏：构筑围堤或挖坑收容。用泡沫覆盖，减少蒸发。喷水雾能减少蒸发，但不能降低泄漏物在限制性空间内的易燃性。用防爆泵转移至槽车或专用收集器内。

3. 苯胺

化学品标识信息

中文名称： 苯胺　　**别名：** 氨基苯；阿尼林油

英文名称： aniline；benzenamine；aminobenzene；aniline oil

CAS 号： 62-53-3　　**UN 号：** 1547

主要用途： 可用来测定油品的苯胺点，也用作染料中间体、农药、橡胶助剂及其他有机合成等的原料。

理化特性

物理状态、外观： 无色至浅黄色透明液体，有强烈气味。暴露在空气中或在日光下变成棕色。

爆炸下限[%(V/V)]： 1.2

爆炸上限[%(V/V)]： 11.0

熔点(℃)： -6.2

沸点(℃)： 184.4

相对密度(水=1)： 1.02

相对蒸气密度(空气=1)： 3.22

饱和蒸气压(kPa)： 2.00(25℃)

燃烧热(kJ/mol)： -3389.8

危险性概述

危险性说明： 吞咽会中毒，皮肤接触会中毒，吸入会中毒，造成严重眼损伤，可能导致皮肤过敏反应，怀疑可造成遗传性缺陷，对器官造成损害，对水生生物毒性非常大，对水生生物有毒并具有长期持续影响。

危险性类别： 急性毒性-经口，类别 3；急性毒性-经皮，类别3；急性毒性-吸入，类别3；严重眼损伤/眼刺激，类别1；皮肤致敏物，类别1；生殖细胞致突变性，类别2；特异性靶器官毒性-反复接触，类别1；危害水生环境-急性危害，类别1；危害水生环境-长期危害，类别2。

象形图：    

警示词： 危险。

物理化学危险性： 可燃，其蒸气与空气混合，能形成爆炸性混合物。

健康危害：

本品主要引起高铁血红蛋白血症、溶血性贫血和肝、肾损害。易经皮肤吸收。

急性中毒：患者口唇、指端、耳廓紫绀，有头痛、头晕、恶心、呕吐、手指发麻、精神恍惚等；重度中毒时，皮肤、黏膜严重青紫，呼吸困难，抽搐，甚至昏迷，休克。出现溶血性黄疸、中毒性肝炎及肾损害。可有化学性膀胱炎。眼接触引起结膜角膜炎。

慢性中毒：患者有神经衰弱综合征表现，伴有轻度紫绀、贫血和肝、脾肿大。皮肤接触可引起湿疹。

侵入途径： 吸入、食入、经皮吸收。

职业接触限值：

中国：PC-TWA　3mg/m^3[皮]。

美国(ACGIH)：TLV-TWA　2ppm[皮]。

包装与储运

联合国危险性类别： 6.1

联合国次要危险性：

联合国包装类别： Ⅱ类

安全储运：

储存于阴凉、通风的库房。远离火种、热源。库温不超过32℃，相对湿度不超过80%。避光保存。包装要求密封，不可与空气接触。应与氧化剂、酸类、食用化学品分开存放，切忌混储。配备相应品种和数量的消防器材。储区应备有泄漏应急处理设备和合适的收容材料。

运输前应先检查包装容器是否完整、密封，运输过程中要确保容器不泄漏、不倒塌、不坠落、不损坏。严禁与酸类、氧化剂、食品及食品添加剂混运。运输时运输车辆应配备相应品种和数量的消防器材及泄漏应急处理设备。运输途中应防曝晒、雨淋，防高温。公路运输时要按规定路线行驶。

紧急处置信息

急救措施：

吸入：迅速脱离现场至空气新鲜处。保持呼吸道通畅。如呼吸困难，给吸氧。如呼吸心跳停止，立即行心肺复苏术。就医。

皮肤接触：立即脱去污染衣着，用肥皂水或清水彻底冲洗。就医。

眼睛接触：分开眼睑，用清水或生理盐水冲洗。就医。

食入：漱口，饮水。就医。

灭火方法：

消防人员必须佩戴空气呼吸器、穿全身防火防毒服，在上风向灭火。尽可能将容器从火场移至空旷处。喷水保持火场容器冷却，直至灭火结束。

灭火剂：用水、泡沫、二氧化碳、砂土灭火。

泄漏应急处置：

根据液体流动和蒸气扩散的影响区域划定警戒区，无关人员从侧风、上风向撤离至安全区。消除所有点火源。建议应急处理人员戴正压自给式呼吸器，穿防毒服，戴橡胶耐油手套。穿上适当的防护服前严禁接触破裂的容器和泄漏物。尽可能切断泄漏源。防止泄漏物进入水体、下水道、地下室或限制性空间。

小量泄漏：用干燥的砂土或其他不燃材料吸收或覆盖，收集于容器中。

大量泄漏：构筑围堤或挖坑收容。用砂土、惰性材料或蛭石吸收大量液体。用泵转移至槽车或专用收集器内。

4. 苯酚

化学品标识信息

中文名称：苯酚　　**别名：**石炭酸

英文名称：phenol；carbolic acid

CAS 号：108-95-2

UN 号：1671[固体]；2312[熔融的]

主要用途：用于生产酚醛树脂、双酚 A、己内酰胺、苯胺、烷基酚等。在石油炼制工业中用作润滑油精制的选择性抽提溶剂，也用于塑料和医药工业。

理化特性

物理状态、外观：无色或白色晶体，有特殊气味。在空气中及光线作用下变为粉红色甚至红色。

爆炸下限[%(V/V)]：1.3

爆炸上限[%(V/V)]：9.5

熔点(℃)：40.6

沸点(℃)：181.9

相对密度(水=1)：1.071

相对蒸气密度(空气=1)：3.24

饱和蒸气压(kPa)：0.13(40.1℃)

燃烧热(kJ/mol)：3050.6

危险性概述

危险性说明：吞咽会中毒，皮肤接触会中毒，吸入会中毒，造成严重的皮肤灼伤和眼损伤，怀疑可造成遗传性缺陷，可能对器官造成损害，对水生生物有毒并具有长期持续影响。

危险性类别： 急性毒性-经口，类别3；急性毒性-经皮，类别3；急性毒性-吸入，类别3；皮肤腐蚀/刺激，类别1B；严重眼损伤/眼刺激，类别1；生殖细胞致突变性，类别2；特异性靶器官毒性-反复接触，类别2；危害水生环境-急性危害，类别2；危害水生环境-长期危害，类别2。

象形图：    

警示词： 危险。

物理化学危险性： 可燃，其粉体与空气混合，能形成爆炸性混合物。

健康危害：

苯酚对皮肤、黏膜有强烈的腐蚀作用，可抑制中枢神经和损害肝、肾功能。

急性中毒：吸入高浓度蒸气可致头痛、头晕、乏力、视物模糊、肺水肿等。误服引起消化道灼伤，出现烧灼痛，呼出气带酚味，呕吐物或大便可带血液，有胃肠穿孔的可能，可出现休克、肺水肿、肝或肾损害，出现急性肾功能衰竭，可死于呼吸衰竭。眼接触可致灼伤。可经灼伤皮肤吸收引起中毒，表现为心律失常、休克、代谢性酸中毒、肾损害等，甚至引起急性肾功能衰竭。

慢性中毒：可引起头痛、头晕、咳嗽、食欲减退、恶心、呕吐，严重者引起蛋白尿。可致皮炎。

侵入途径： 吸入、食入、经皮吸收。

职业接触限值：

中国：PC-TWA　10mg/m^3[皮]。

美国(ACGIH)：TLV-TWA　5ppm[皮]。

包装与储运

联合国危险性类别： 6.1（固态）；6.1（熔融）

联合国次要危险性：

联合国包装类别： Ⅱ类

安全储运：

储存于阴凉、通风的库房。远离火种、热源。避免光照。库温不超过35℃，相对湿度不超过80%。包装密封。应与氧化剂、酸类、碱类、食用化学品分开存放，切忌混储。配备相应品种和数量的消防器材。储区应备有合适的材料收容泄漏物。

运输前应先检查包装容器是否完整、密封，运输过程中要确保容器不泄漏、不倒塌、不坠落、不损坏。严禁与酸类、氧化剂、食品及食品添加剂混运。运输时，运输车辆应配备相应品种和数量的消防器材及泄漏应急处理设备。运输途中应防曝晒、雨淋，防高温。

紧急处置信息

急救措施：

吸入：迅速脱离现场至空气新鲜处。保持呼吸道通畅。如呼吸困难，给输氧。呼吸、心跳停止，立即进行心肺复苏术。就医。

皮肤接触：立即脱去污染衣物，用大量流动清水彻底冲洗污染创面，同时使用浸过聚乙烯乙二醇（PEG400或PEG300）的棉球或浸过30%～50%酒精棉球擦洗创面至无酚味为止（注意不能将患处浸泡于清洗液中）。可继续用4%～5%碳酸氢钠溶液湿敷创面。就医。

眼睛接触：立即分开眼睑，用大量流动清水或生理盐水彻底冲洗 10~15min。就医。

食入：漱口，给服植物油 15~30mL，催吐。对食入时间长者禁用植物油，可口服牛奶或蛋清。就医。

灭火方法：

消防人员必须佩戴空气呼吸器、穿全身防火防毒服，在上风向灭火。尽可能将容器从火场移至空旷处。喷水保持火场容器冷却，直至灭火结束。

灭火剂：用水、泡沫、干粉、二氧化碳灭火。

泄漏应急处置：

隔离泄漏污染区，限制出入。消除所有点火源。建议应急处理人员戴防尘口罩，穿防毒服，戴防化学品手套。穿上适当的防护服前严禁接触破裂的容器和泄漏物。尽可能切断泄漏源。用塑料布覆盖泄漏物，减少飞散。勿使水进入包装容器内。用洁净的铲子收集泄漏物，置于干净、干燥、盖子较松的容器中，将容器移离泄漏区。

5. 苯乙烯

化学品标识信息

中文名称：苯乙烯 **别名**：乙烯基苯

英文名称：ethenylbenzene；styrene；phenylethylene

CAS 号：100-42-5 **UN 号**：2055

主要用途：用于制聚苯乙烯、合成橡胶、离子交换树脂等。

理化特性

物理状态、外观：无色透明油状液体。

爆炸下限[%(V/V)]：0.9

爆炸上限[%(V/V)]：6.8

熔点(℃)：-30.6

沸点(℃)：146

相对密度(水=1)：0.99(25℃)

相对蒸气密度(空气=1)：3.6

饱和蒸气压(kPa)：0.7(20℃)

燃烧热(kJ/mol)：4376.9

危险性概述

危险性说明：易燃液体和蒸气，吸入有害，造成皮肤刺激，造成严重眼刺激，怀疑致癌，怀疑对生育力或胎儿造成伤害，长时间或反复接触对器官造成损伤，对水生生物有毒。

危险性类别：易燃液体，类别 3；急性毒性-吸入，类别 4；皮肤腐蚀/刺激，类别 2；严重眼损伤/眼刺激，类别 2；致癌性，类别 2；生殖毒性，类别 2；特异性靶器官毒性-反复接触，类别 1；危害水生环境-急性危害，类别 2。

象形图：  

警示词： 危险。

物理化学危险性： 易燃，其蒸气与空气混合，能形成爆炸性混合物。容易自聚。

健康危害：

对眼和上呼吸道黏膜有刺激作用，高浓度有麻醉作用。

急性中毒：高浓度时，立即引起眼及上呼吸道黏膜的刺激，出现眼痛、流泪、流涕、喷嚏、咽痛、咳嗽等，继之头痛、头晕、恶心、呕吐、全身乏力等；严重者可有眩晕、步态蹒跚。眼部受苯乙烯液体污染时，可致灼伤。

慢性影响：常见神经衰弱综合征，有头痛、乏力、恶心、食欲减退、腹胀、忧郁、健忘、指颤等。少部分工人出现神经传导速度减慢。皮肤经常接触表现为粗糙、皲裂和增厚。

侵入途径： 吸入、食入、经皮吸收。

职业接触限值：

中国：PC-TWA　50mg/m^3；PC-STEL　100mg/m^3 [皮] [G2B]。

美国(ACGIH)：TLV-TWA　20ppm；TLV-STEL　40ppm。

包装与储运

联合国危险性类别： 3

联合国次要危险性：

联合国包装类别： Ⅲ类

安全储运：

通常商品加有阻聚剂。储存于阴凉、通风的库房。远离火种、热源。库温不宜超过37℃。包装要求密封，不可与空气接触。应与氧化剂、酸类分开存放，切忌混储。不宜大量储存或久存。采用防爆型照明、通风设施。禁止使用易产生火花的机械设备和工具。储区应备有泄漏应急处理设备和合适的收容材料。

运输时运输车辆应配备相应品种和数量的消防器材及泄漏应急处理设备。夏季最好早晚运输。运输时所用的槽(罐)车应有接地链，槽内可设孔隔板以减少震荡产生静电。严禁与氧化剂、酸类、食用化学品等混装混运。运输途中应防曝晒、雨淋，防高温。中途停留时应远离火种、热源、高温区。装运该物品的车辆排气管必须配备阻火装置，禁止使用易产生火花的机械设备和工具装卸。公路运输时要按规定路线行驶，勿在居民区和人口稠密区停留。铁路运输时要禁止溜放。严禁用木船、水泥船散装运输。

紧急处置信息

急救措施：

吸入：迅速脱离现场至空气新鲜处。保持呼吸道通畅。如呼吸困难，给输氧。呼吸、心跳停止，立即进行心肺复苏术。就医。

皮肤接触：立即脱去污染的衣着，用流动清水彻底冲洗。就医。

眼睛接触：立即分开眼睑，用流动清水或生理盐水彻底冲洗5~10min。就医。

食入：漱口，饮水。就医。

灭火方法：

消防人员须佩戴防毒面具、穿全身消防服，在上风向灭火。尽可能将容器从火场移至空旷处。喷水保持火场容器冷却，直至灭火结束。容器突然发出异常声音或出现异常现象，应立即撤离。

灭火剂：用泡沫、干粉、二氧化碳、砂土灭火。

泄漏应急处置：

消除所有点火源。根据液体流动和蒸气扩散的影响区域划定警戒区，无关人员从侧风、上风向撤离至安全区。建议应急处理人员戴正压自给式呼吸器，穿防静电服，戴橡胶耐油手套。作业时使用的所有设备应接地。禁止接触或跨越泄漏物。尽可能切断泄漏源。防止泄漏物进入水体、下水道、地下室或限制性空间。

小量泄漏：用砂土或其他不燃材料吸收。使用洁净的无火花工具收集吸收材料。

大量泄漏：构筑围堤或挖坑收容。用砂土、惰性物质或蛭石吸收大量液体。用泡沫覆盖，减少蒸发。喷水雾能减少蒸发，但不能降低泄漏物在限制性空间内的易燃性。用防爆泵转移至槽车或专用收集器内。

6. 丙酮

化学品标识信息

中文名称：丙酮　　**别名**：二甲基酮；阿西通

英文名称：acetone；2-propanone；dimethyl ketone

CAS 号：67-64-1　　**UN 号**：1090

主要用途：是基本的有机原料和低沸点溶剂。

理化特性

物理状态、外观：无色透明易流动液体，有芳香气味，极易挥发。

爆炸下限[%(V/V)]：2.2

爆炸上限[%(V/V)]：13.0

熔点(℃)：-95

沸点(℃)：56.5

相对密度(水=1)：0.80

相对蒸气密度(空气=1)：2.00

饱和蒸气压(kPa)：24(20℃)

燃烧热(kJ/mol)：1788.7

危险性概述

危险性说明：高度易燃液体和蒸气，造成严重眼刺激，可能引起昏昏欲睡或眩晕。

危险性类别：易燃液体，类别 2；严重眼损伤/眼刺激，类别 2；特异性靶器官毒性——一次接触，类别 3(麻醉效应)。

象形图：

警示词：危险。

物理化学危险性：高度易燃，其蒸气与空气混合，能形成爆炸性混合物。

健康危害：

急性中毒：主要表现为对中枢神经系统的麻醉作用，出现乏力、恶心、头痛、头晕、易激动。重者发生呕吐、气急、痉挛，甚至昏迷。对眼、鼻、喉有刺激性。口服后，先有口唇、咽喉有烧灼感，后出现口干、呕吐、昏迷、酸中毒和酮症。

慢性影响：长期接触该品出现眩晕、灼烧感、咽炎、支气管炎、乏力、易激动等。皮肤长期反复接触可致皮炎。

侵入途径：吸入、食入、经皮吸收。

职业接触限值：

中国：PC-TWA 300mg/m^3；PC-STEL 450mg/m^3。

美国（ACGIH）：TLV-TWA 500ppm；TLV-STEL 750ppm。

包装与储运

联合国危险性类别：3

联合国次要危险性：

联合国包装类别：Ⅱ类

安全储运：

存于阴凉、通风良好的专用库房内，远离火种、热源。库温不宜超过29℃。保持容器密封。应与氧化剂、还原剂、碱类分开存放，切忌混储。采用防爆型照明、通风设施。禁止使用易产生火花的机械设备和工具。储区应备有泄漏应急处理设备和合适的收容材料。

运输时运输车辆应配备相应品种和数量的消防器材及泄漏应急处理设备。夏季最好早晚运输。运输时所用的槽（罐）车应有接地链，槽内可设孔隔板以减少震荡产生静电。严禁与氧化剂、还原剂、碱类、食用化学品等混装混运。运输途中应防曝晒、雨淋，防高温。中途停留时应远离火种、热源、高温区。装运该物品的车辆排气管必须配备阻火装置，禁止使用易产生火花的机械设备和工具装卸。公路运输时要按规定路线行驶，勿在居民区和人口稠密区停留。铁路运输时要禁止溜放。严禁用木船、水泥船散装运输。本品属第三类易制毒化学品，托运时，须持有运出地县级人民政府发给的备案证明。

紧急处置信息

急救措施：

吸入：迅速脱离现场至空气新鲜处。保持呼吸道通畅。如呼吸困难，给输氧。呼吸、心跳停止，立即进行心肺复苏术。就医。

皮肤接触：立即脱去污染的衣着，用流动清水彻底冲洗。就医。

眼睛接触：立即分开眼睑，用流动清水或生理盐水彻底冲洗 5~10min。就医。

食入：漱口，饮水。就医。

灭火方法：

消防人员须佩戴防毒面具、穿全身消防服，在上风向灭火。尽可能将容器从火场移至空旷处。喷水保持火场容器冷却，直至灭火结束。容器突然发出异常声音或出现异常现象，应立即撤离。

灭火剂：用抗溶性泡沫、干粉、二氧化碳、砂土灭火。

泄漏应急处置：

消除所有点火源。根据液体流动和蒸气扩散的影响区域划定警戒区，无关人员从侧风、上风向撤离至安全区。建议应急处理人员戴正压自给式呼吸器，穿防静电服，戴橡胶耐油手套。作业时使用的所有设备应接地。禁止接触或跨越泄漏物。尽可能切断泄漏源。防止泄漏物进入水体、下水道、地下室或限制性空间。

小量泄漏：用砂土或其他不燃材料吸收。使用洁净的无火花工具收集吸收材料。

大量泄漏：构筑围堤或挖坑收容。用砂土、惰性物质或蛭石吸收大量液体。用抗溶性泡沫覆盖，减少蒸发。喷水雾能减少蒸发，但不能降低泄漏物在限制性空间内的易燃性。用防爆泵转移至槽车或专用收集器内。喷雾状水驱散蒸气、稀释液体泄漏物。

7. 丙酮氰醇

化学品标识信息

中文名称： 丙酮氰醇
别名： 2-羟基异丁腈；氰丙醇；丙酮合氰化氢
英文名称： 2-hydroxyisobutyronitrile；acetone cyanohydrin
CAS 号： 75-86-5　　**UN 号：** 1541
主要用途： 是有机玻璃单体——甲基丙烯酸甲酯的中间体，还用于有机合成、农药制造等。

理化特性

物理状态、外观： 无色或亮黄色液体。
爆炸下限[%(V/V)]： 2.25
爆炸上限[%(V/V)]： 11.0
熔点(℃)： -19
沸点(℃)： 95
闪点(℃)： 63.89
自燃温度(℃)： 687.8
相对密度(水=1)： 0.932
相对蒸气密度(空气=1)： 2.93
饱和蒸气压(kPa)： 2.07(20℃)
燃烧热(kJ/mol)： -2239.1

危险性概述

危险性说明： 吞咽致命，皮肤接触会致命，吸入致命。对水生生物毒性非常大并具有长期影响。
危险性类别： 急性毒性-经口，类别 2；急性毒性-经皮，类别 1；急性毒性-吸入，类别 2；危害水生环境-急性危害，类别 1；危害水生环境-长期危害，类别 1。

象形图： 

警示词： 危险。

物理化学危险性： 可燃。

健康危害：

本品的蒸气或液体对皮肤、黏膜均有刺激作用，毒作用与氢氰酸相同。一般接触 4~5min 后出现症状，早期中毒症状有无力、头昏、头痛、胸闷、心悸、恶心、呕吐和食欲减退，严重者可致死。可引起皮炎。

侵入途径： 吸入、食入、经皮吸收。

职业接触限值：

中国：MAC　3mg/m^3[按 CN 计][皮]。

美国(ACGIH)：TLV-C　5mg/m^3[按 CN 计][皮]。

包装与储运

联合国危险性类别： 6.1

联合国次要危险性：

联合国包装类别： Ⅰ类

安全储运：

储存于阴凉、通风良好的专用库房内，实行“双人收发、双人保管”制度。远离火种、热源。应与氧化剂、还原剂、酸类、碱类、食用化学品分开存放，切忌混储。配备相应品种和数量的消防器材。储区应备有泄漏应急处理设备和合适的收容材料。运输前应先检查包装容器是否完整、密封，运输过程中要确保容器不泄漏、不倒塌、不坠落、不损坏。严禁与酸类、氧化剂、食品及食品添加剂混运。运输时运输车辆应配备相应品种和数量的消防器材及泄漏应急处理设备。运输途中应防曝晒、雨淋，防高温。公路运输时要按规定路线行驶，勿在居民区和人口稠密区停留。

紧急处置信息

急救措施：

吸入：迅速脱离现场至空气新鲜处。保持呼吸道通畅。如呼吸困难，给输氧。呼吸、心跳停止，立即进行心肺复苏术(禁止口对口进行人工呼吸)。就医。

皮肤接触：立即脱去污染的衣着，用肥皂水和流动清水彻底冲洗10~15min。就医。

眼睛接触：立即分开眼睑，用大量流动清水或生理盐水彻底冲洗至少15min。就医。

食入：如患者神志清醒，催吐，洗胃。就医。

灭火方法：

消防人员须佩戴防毒面具、穿全身消防服，在上风向灭火。尽可能将容器从火场移至空旷处。喷水保持火场容器冷却，直至灭火结束。处在火场中的容器若已变色或从安全泄压装置中产生声音，必须马上撤离。

灭火剂：用雾状水、抗溶性泡沫、干粉、二氧化碳、砂土灭火。

泄漏应急处置：

根据液体流动和蒸气扩散的影响区域划定警戒区，无关人员从侧风、上风向撤离至安全区。消除所有点火源。建议应急处理人员戴正压自给式呼吸器，穿防毒服。作业时使用的所有设备应接地。穿上适当的防护服前严禁接触破裂的容器和泄漏物。尽可能切断泄漏源。防止泄漏物进入水体、下水道、地下室或有限空间。严禁用水处理。

小量泄漏：用干燥的砂土或其他不燃材料覆盖泄漏物。

大量泄漏：构筑围堤或挖坑收容。用粉煤灰或石灰粉吸收大量液体。用泵转移至槽车或专用收集器内。喷雾状水驱散蒸气、稀释液体泄漏物。

8. 丙烷

化学品标识信息

中文名称： 丙烷　　**别名：** 正丙烷

英文名称： propane；*n*-propane；dimethyl methane

CAS 号： 74-98-6　　**UN 号：** 1978

主要用途： 用作燃料和冷冻剂，是制造乙烯和丙烯的原料，也用于有机合成。

理化特性

物理状态、外观： 无色液化气体，纯品无臭。

爆炸下限[%(V/V)]： 2.1

爆炸上限[%(V/V)]： 9.5

熔点(℃)： −189.7

沸点(℃)： −42.1

相对密度(水=1)： 0.58(−44.5℃)

相对蒸气密度(空气=1)： 1.6

饱和蒸气压(kPa)： 840(20℃)

燃烧热(kJ/mol)： 2217.8

危险性概述

危险性说明： 极易燃气体，内装加压气体；遇热可能爆炸。

危险性类别： 易燃气体，类别 1；加压气体

象形图： 

警示词： 危险。

物理化学危险性： 极易燃，与空气混合能形成爆炸性混合物。

健康危害：

急性中毒：吸入丙烷后仅有不同程度头晕。工业生产中常接触到的是丙烷、乙烷或丁烷等混合气体，可引起头晕、头痛、兴奋或嗜睡、恶心、呕吐、脉缓等症状，严重时表现为麻醉状态及意识丧失。接触液态本品可引起冻伤。

慢性影响：长期低浓度吸入丙烷、丁烷者，出现神经衰弱综合征及多汗、脉搏不稳定、立毛肌反射增强、皮肤划痕症等自主神经功能紊乱现象，并有发生肢体远端感觉减退者。

侵入途径：吸入。

职业接触限值：

中国：未制定标准。

美国(ACGIH)：未制定标准。

包装与储运

联合国危险性类别：2.1

联合国次要危险性：

联合国包装类别：—

安全储运：

储存于阴凉、通风的易燃气体专用库房。远离火种、热源。库温不宜超过30℃。应与氧化剂、卤素分开存放，切忌混储。采用防爆型照明、通风设施。禁止使用易产生火花的机械设备和工具。储区应备有泄漏应急处理设备。

本品铁路运输时限使用耐压液化气企业自备罐车装运，装运前需报有关部门批准。采用钢瓶运输时必须戴好钢瓶上的安全帽。钢瓶一般平放，并应将瓶口朝同一方向，不可交叉；高度不得超过车辆的防护栏板，并用三角木垫卡牢，防止滚动。运输时运输车辆应配备相应品种和数量的消防器材。装运该物品的车辆排气管必须配备阻火装置，禁止使用易产生火花的机械设备和工具装卸。严禁与氧化剂、卤素等混装混运。夏季应早晚运输，防止日光曝晒。中途停留时应远离火种、热源。公路运输时要按规定路线行驶，勿在居民区和人口稠密区停留。铁路运输时要禁止溜放。

紧急处置信息

急救措施：

吸入：迅速脱离现场至空气新鲜处。保持呼吸道通畅。如呼吸困难，给输氧。呼吸、心跳停止，立即进行心肺复苏术。就医。

皮肤接触：如发生冻伤，用温水(38~42℃)复温，忌用热水或辐射热，不要揉搓。就医。

灭火方法：

切断气源。若不能切断气源，则不允许熄灭泄漏处的火焰。消防人员必须佩戴空气呼吸器、穿全身防火防毒服，在上风向灭火。尽可能将容器从火场移至空旷处。喷水保持火场容器冷却，直至灭火结束。

灭火剂：用雾状水、泡沫、二氧化碳、干粉灭火。

泄漏应急处置：

消除所有点火源。根据气体的影响区域划定警戒区，无关人员从侧风、上风向撤离至安全区。建议应急处理人员戴正压自给式呼吸器，穿防静电服。液化气体泄漏时穿防静电、防寒服。作业时使用的所有设备应接地。禁止接触或跨越泄漏物。尽可能切断泄漏源。若可能翻转容器，使之逸出气体而非液体。喷雾状水抑制蒸气或改变蒸气云流向，避免水流接触泄漏物。禁止用水直接冲击泄漏物或泄漏源。防止气体通过下水道、通风系统和限制性空间扩散。隔离泄漏区直至气体散尽。

9. 丙烯

化学品标识信息

中文名称：丙烯　　　　**别名：**甲基乙烯
英文名称：1-propene；propylene；propene；methylethylene
CAS 号：115-07-1　　　　**UN 号：**1077
主要用途：用于制丙烯腈、环氧丙烷、丙酮等。

理化特性

物理状态、外观：无色、有烃类气味的气体。
爆炸下限[%(V/V)]：2.4
爆炸上限[%(V/V)]：10.3
熔点(℃)：-185
沸点(℃)：-48
相对密度(水=1)：0.5
相对蒸气密度(空气=1)：1.5
饱和蒸气压(kPa)：1158(25℃)
燃烧热(kJ/mol)：-1927.26

危险性概述

危险性说明：极易燃气体，内装加压气体；遇热可能爆炸。
危险性类别：易燃气体，类别1；加压气体。
象形图：
警示词：危险。
物理化学危险性：极易燃，与空气混合能形成爆炸性混合物。

健康危害： 本品为单纯窒息剂及轻度麻醉剂。眼和上呼吸道刺激症状有流泪、咳嗽、胸闷等。中枢神经系统抑制症状有注意力不集中、表情淡漠、感觉异常、呕吐、眩晕、四肢无力、步态蹒跚、肌张力和肌力下降、膝反射亢进等。可有食欲不振及肝酶异常。严重中毒时出现血压下降和心律失常。直接接触液态产品可引起冻伤。

侵入途径： 吸入。

职业接触限值：

中国：未制定标准。

美国(ACGIH)：TLV-TWA　500ppm。

包装与储运

联合国危险性类别： 2.1

联合国次要危险性：

联合国包装类别： —

安全储运：

储存于阴凉、通风的易燃气体专用库房。远离火种、热源。库温不宜超过30℃。应与氧化剂、酸类分开存放，切忌混储。采用防爆型照明、通风设施。禁止使用易产生火花的机械设备和工具。储区应备有泄漏应急处理设备。

本品铁路运输时限使用耐压液化气企业自备罐车装运，装运前需报有关部门批准。采用钢瓶运输时必须戴好钢瓶上的安全帽。钢瓶一般平放，并应将瓶口朝同一方向，不可交叉；高度不得超过车辆的防护栏板，并用三角木垫卡牢，防止滚动。运输时运输车辆应配备相应品种和数量的消防器材。装运该物品的车辆排气管必须配备阻火装置，禁止使用易产生火花的机械设备和工具装卸。严禁与氧化剂、酸类等混装混运。夏季应早晚运输，防止日光曝晒。中途停留时应远离火种、热源。公路运输时要按规定路线行驶，勿在居民区和人口稠密区停留。铁路运输时要禁止溜放。

紧急处置信息

急救措施：

吸入：迅速脱离现场至空气新鲜处。保持呼吸道通畅。如呼吸困难，给输氧。呼吸、心跳停止，立即进行心肺复苏术。就医。

皮肤接触：如发生冻伤，用温水(38~42℃)复温，忌用热水或辐射热，不要揉搓。就医。

眼睛接触：立即分开眼睑，用流动清水或生理盐水彻底冲洗。就医。

灭火方法：

切断气源。若不能切断气源，则不允许熄灭泄漏处的火焰。消防人员必须佩戴空气呼吸器、穿全身防火防毒服，在上风向灭火。尽可能将容器从火场移至空旷处。喷水保持火场容器冷却，直至灭火结束。

灭火剂：用雾状水、泡沫、二氧化碳、干粉灭火。

泄漏应急处置：消除所有点火源。根据气体的影响区域划定警戒区，无关人员从侧风、上风向撤离至安全区。建议应急处理人员戴正压自给式呼吸器，穿防静电服。作业时使用的所有设备应接地。尽可能切断泄漏源。喷雾状水抑制蒸气或改变蒸气云流向，避免水流接触泄漏物。禁止用水直接冲击泄漏物或泄漏源。防止气体通过下水道、通风系统和有限空间扩散。隔离泄漏区直至气体散尽。

10. 丙烯腈[抑制了的]

化学品标识信息

中文名称： 丙烯腈[抑制了的]

别名： 乙烯基氰；氰基乙烯

英文名称： acrylonitrile (inhibited); cyanoethylene; 2-propenenitrile

CAS 号： 107-13-1　　**UN 号：** 1093

主要用途： 用于制造聚丙烯腈、丁腈橡胶、染料、合成树脂、医药等。

理化特性

物理状态、外观： 无色液体，有刺激性气味。

爆炸下限[%(V/V)]： 3.0

爆炸上限[%(V/V)]： 17.0

pH 值： 6~7.5(5%溶液)

闪点(℃)： -1

熔点(℃)： -83.6

沸点(℃)： 77.3

相对密度(水=1)： 0.81

相对蒸气密度(空气=1)： 1.83

饱和蒸气压(kPa)： 11.07(20℃)

燃烧热(kJ/mol)： 1761.5

临界压力(MPa)： 3.54

临界温度(℃)： 246

辛醇/水分配系数： 0.25

自燃温度(℃)： 481

危险性概述

危险性说明：高度易燃液体和蒸气，吞咽会中毒，皮肤接触会中毒，吸入会中毒，造成皮肤刺激，造成严重眼损伤，可能导致皮肤过敏反应，怀疑致癌，可能引起呼吸道刺激，对水生生物有毒并具有长期持续影响。

危险性类别：易燃液体，类别2；急性毒性-经口，类别3；急性毒性-经皮，类别3；急性毒性-吸入，类别3；皮肤腐蚀/刺激，类别2；严重眼损伤/眼刺激，类别1；皮肤致敏物，类别1；致癌性，类别2；特异性靶器官毒性--次接触，类别3(呼吸道刺激)；危害水生环境-急性危害，类别2；危害水生环境-长期危害，类别2。

象形图：

警示词：危险。

物理化学危险性：高度易燃，其蒸气与空气混合，能形成爆炸性混合物。容易自聚。

健康危害：

本品在体内析出氰根，抑制呼吸酶；对呼吸中枢有直接麻醉作用。急性中毒表现与氢氰酸相似。职业中毒主要为吸入蒸气和皮肤污染所致。急性中毒：轻度中毒出现头痛、头昏、上腹部不适、恶心、呕吐、手足麻木、胸闷、呼吸困难、腱反射亢进、嗜睡状态或意识模糊，可有血清转氨酶升高、心电图或心肌酶谱异常。在轻度中毒的基础上，出现以下一项者为重度中毒：癫痫大发作样抽搐、昏迷、肺水肿。

慢性中毒：长期接触可引起神经衰弱综合征、低血压倾向、肝损害，或有甲状腺吸碘率降低。液体污染皮肤，可致皮炎，局部出现红斑、丘疹或水疱。

侵入途径：吸入、食入、经皮吸收。

职业接触限值：

中国：PC-TWA 1mg/m^3；PC-STEL 2mg/m^3[皮][G2B]。

美国(ACGIH)：TLV-TWA 2ppm[皮]。

包装与储运

联合国危险性类别：3

联合国次要危险性：6.1

联合国包装类别：—

安全储运：

通常商品加有稳定剂。储存于阴凉、通风良好的库房内。远离火种、热源。库温不宜超过37℃。包装要求密封，不可与空气接触。应与氧化剂、酸类、碱类、食用化学品分开存放，切忌混储。不宜大量储存或久存。采用防爆型照明、通风设施。禁止使用易产生火花的机械设备和工具。储区应备有泄漏应急处理设备和合适的收容材料。

运输时运输车辆应配备相应品种和数量的消防器材及泄漏应急处理设备。夏季最好早晚运输。运输时所用的槽(罐)车应有接地链，槽内可设孔隔板以减少震荡产生静电。严禁与氧化剂、酸类、碱类、食用化学品等混装混运。运输途中应防曝晒、雨淋，防高温。中途停留时应远离火种、热源、高温区。装运该物品的车辆排气管必须配备阻火装置，禁止使用易产生火花的机械设备和工具装卸。公路运输时要按规定路线行驶，勿在居民区和人口稠密区停留。铁路运输时要禁止溜放。严禁用木船、水泥船散装运输。

紧急处置信息

急救措施：

吸入：迅速脱离现场至空气新鲜处。保持呼吸道通畅。如呼吸困难，给输氧。呼吸、心跳停止，立即进行心肺复苏术。就医。

皮肤接触：立即脱去污染的衣着，用肥皂水和清水彻底冲洗。就医。

眼睛接触：立即分开眼睑，用流动清水或生理盐水彻底冲洗。就医。

食入：催吐(仅限于清醒者)，给服活性炭悬液。就医。

灭火方法：

消防人员必须佩戴空气呼吸器、穿全身防火防毒服，在上风向灭火。尽可能将容器从火场移至空旷处。喷水保持火场容器冷却，直至灭火结束。容器突然发出异常声音或出现异常现象，应立即撤离。用水灭火无效。

灭火剂：用泡沫、二氧化碳、干粉、砂土灭火。

泄漏应急处置：

消除所有点火源。根据液体流动和蒸气扩散的影响区域划定警戒区，无关人员从侧风、上风向撤离至安全区。建议应急处理人员戴正压自给式呼吸器，穿防毒、防静电服，戴橡胶耐油手套。作业时使用的所有设备应接地。禁止接触或跨越泄漏物。尽可能切断泄漏源。防止泄漏物进入水体、下水道、地下室或有限空间。

小量泄漏：用砂土或其他不燃材料吸收。使用洁净的无火花工具收集吸收材料。

大量泄漏：构筑围堤或挖坑收容。用砂土、惰性物质或蛭石吸收大量液体。用抗溶性泡沫覆盖，减少蒸发。喷水雾能减少蒸发，但不能降低泄漏物在有限空间内的易燃性。用防爆泵转移至槽车或专用收集器内。喷雾状水驱散蒸气、稀释液体泄漏物。

11. 丙烯醛[抑制了的]

化学品标识信息

中文名称： 丙烯醛[抑制了的]
别名： 烯丙醛
英文名称： acrolein(inhibited)；allylaldehyde；2-propenal
CAS 号： 107-02-8　　　**UN 号：** 1092
主要用途： 为合成树脂工业的重要原料之一，也大量用于有机合成与药物合成。

理化特性

物理状态、外观： 无色或淡黄色液体，有恶臭。
爆炸下限[%(V/V)]： 2.8
爆炸上限[%(V/V)]： 31.0
pH 值： 6(10%水溶液)
闪点(℃)： −26
熔点(℃)： −87.7
沸点(℃)： 52.5
相对密度(水=1)： 0.84
相对蒸气密度(空气=1)： 1.94
饱和蒸气压(kPa)： 29.33(20℃)
燃烧热(kJ/mol)： −1625.74
临界压力(MPa)： 5.06
自燃温度(℃)： 234
辛醇/水分配系数： −0.01~0.9
黏度(mPa·s)： 0.35(20℃)

危险性概述

危险性说明： 高度易燃液体和蒸气，吞咽致命，皮肤接触会中毒，吸入致命，造成严重的皮肤灼伤和眼损伤。对水生生物毒性非常大并具有长期持续影响。

危险性类别： 易燃液体，类别 2；急性毒性-经口，类别 2；急性毒性-经皮，类别 3；急性毒性-吸入，类别 1；皮肤腐蚀/刺激，类别 1B；严重眼损伤/眼刺激，类别 1；危害水生环境-急性危害，类别 1；危害水生环境-长期危害，类别 1。

象形图：    

警示词： 危险。

物理化学危险性： 高度易燃，其蒸气与空气混合，能形成爆炸性混合物。容易自聚。

健康危害： 本品有强烈刺激性。吸入蒸气损害呼吸道，出现咽喉炎、胸部压迫感、支气管炎；大量吸入可致肺炎、肺水肿，还可出现休克、肾炎及心力衰竭。可致死。液体及蒸气损害眼睛；皮肤接触可致灼伤。口服引起口腔及胃刺激或灼伤。

侵入途径： 吸入、食入、经皮吸收。

职业接触限值：

中国：MAC　0.3mg/m^3[皮]。

美国(ACGIH)：TLV-C　0.1ppm[皮]。

包装与储运

联合国危险性类别： 6.1

联合国次要危险性： 3

联合国包装类别： Ⅰ类

安全储运：

储存于阴凉、通风良好的专用库房内。远离火种、热源。库温不宜超过 29℃。包装要求密封，不可与空气接触。应与氧化剂、还原剂、酸类、碱类、食用化学品分开存放，切忌混储。不宜大量储存或久存。采用防爆型照明、通风设施。禁止使用易产生火花的机械设备和工具。储区应备有泄漏应急处理设备和合适的收容材料。

运输时运输车辆应配备相应品种和数量的消防器材及泄漏应急处理设备。夏季最好早晚运输。运输时所用的槽(罐)车应有接地链，槽内可设孔隔板以减少震荡产生静电。严禁与氧化剂、还原剂、酸类、碱类、食用化学品等混装混运。运输途中应防曝晒、雨淋，防高温。中途停留时应远离火种、热源、高温区。装运该物品的车辆排气管必须配备阻火装置，禁止使用易产生火花的机械设备和工具装卸。公路运输时要按规定路线行驶，勿在居民区和人口稠密区停留。铁路运输时要禁止溜放。严禁用木船、水泥船散装运输。

紧急处置信息

急救措施：

吸入：迅速脱离现场至空气新鲜处。保持呼吸道通畅。如呼吸困难，给输氧。呼吸、心跳停止，立即进行心肺复苏术。就医。

皮肤接触：立即脱去污染的衣着，用大量流动清水彻底冲洗至少 15min。就医。

眼睛接触：立即分开眼睑，用流动清水或生理盐水彻底冲洗 5~10min。就医。

食入：用水漱口，禁止催吐。给饮牛奶或蛋清。就医。

灭火方法：

消防人员必须佩戴空气呼吸器、穿全身防火防毒服，在上风向灭火。尽可能将容器从火场移至空旷处。喷水保持火场容器冷却，直至灭火结束。容器突然发出异常声音或出现异常现象，应立即撤离。

灭火剂：用抗溶性泡沫、二氧化碳、干粉、砂土灭火。

泄漏应急处置：

消除所有点火源。根据液体流动和蒸气扩散的影响区域划定警戒区，无关人员从侧风、上风向撤离至安全区。建议应急处理人员戴正压自给式呼吸器，穿防静电、防腐蚀、防毒服，戴橡胶耐油手套。作业时使用的所有设备应接地。禁止接触或跨越泄漏物。尽可能切断泄漏源。防止泄漏物进入水体、下水道、地下室或有限空间。

小量泄漏：用砂土或其他不燃材料吸收。使用洁净的无火花工具收集吸收材料。

大量泄漏：构筑围堤或挖坑收容。用硫酸氢钠($NaHSO_4$)中和。用抗溶性泡沫覆盖，减少蒸发。喷水雾能减少蒸发，但不能降低泄漏物在有限空间内的易燃性。用防爆、耐腐蚀泵转移至槽车或专用收集器内。喷雾状水驱散蒸气、稀释液体泄漏物。

12. 丙烯酸

化学品标识信息

中文名称：丙烯酸　　　　**别名：**

英文名称：2-propenoic acid；acrylic acid

CAS 号：79-10-7　　　　**UN 号：**2218

主要用途：用于树脂制造。

理化特性

物理状态、外观：无色液体，有刺激性气味。

爆炸下限[%(V/V)]：2.4

爆炸上限[%(V/V)]：8.0

熔点(℃)：13

沸点(℃)：141

相对密度(水=1)：1.05

相对蒸气密度(空气=1)：2.45

饱和蒸气压(kPa)：1.33(39.9℃)

燃烧热(kJ/mol)：1366.9

临界压力(MPa)：5.66

辛醇/水分配系数：0.36

闪点(℃)：54(CC)；54.5(OC)

引燃温度(℃)：360

黏度(mPa·s)：1.3(20℃)

危险性概述

危险性说明：易燃液体和蒸气，吞咽有害，皮肤接触有害，吸入有害，造成严重的皮肤灼伤和眼损伤，可能引起呼吸道刺激，对水生生物毒性非常大。

危险性类别：易燃液体，类别3；急性毒性-经口，类别4；急性毒性-经皮，类别4；急性毒性-吸入，类别4；皮肤腐蚀/刺激，类别1A；严重眼损伤/眼刺激，类别1；特异性靶器官毒性一次接触，类别3(呼吸道刺激)；危害水生环境-急性危害，类别1。

象形图：   

警示词：危险。

物理化学危险性：易燃，其蒸气与空气混合，能形成爆炸性混合物。容易自聚。

健康危害：

本品对皮肤、眼睛有强烈刺激作用，伤处愈合慢。接触后可发生呼吸道刺激症状。

侵入途径：吸入、食入、经皮吸收。

职业接触限值：

中国：PC-TWA 6mg/m^3[皮]。

美国(ACGIH)：TLV-TWA 2ppm[皮]。

包装与储运

联合国危险性类别：8

联合国次要危险性：3

联合国包装类别：Ⅱ类

安全储运：

通常商品加有阻聚剂。储存于阴凉、通风的库房。远离火种、热源。库温不宜超过5℃(装于受压容器中例外)。包装要求密封，不可与空气接触。应与氧化剂、碱类分开存放，切忌混储。不宜大量储存或久存。采用防爆型照明、通风设施。禁止使用易产生火花的机械设备和工具。储区应备有泄漏应急处理设备和合适的收容材料。

起运时包装要完整，装载应稳妥。运输过程中要确保容器不泄漏、不倒塌、不坠落、不损坏。运输时所用的槽(罐)车应有接地链，槽内可设孔隔板以减少震荡产生静电。严禁与氧化剂、碱类、食用化学品等混装混运。运输车辆应配备相应品种和数量的消防器材及泄漏应急处理设备。公路运输时要按规定路线行驶，勿在居民区和人口稠密区停留。

紧急处置信息

急救措施：

吸入：迅速脱离现场至空气新鲜处。保持呼吸道通畅。如呼吸困难，给输氧。呼吸、心跳停止，立即进行心肺复苏术。就医。

皮肤接触：立即脱去污染的衣着，用大量流动清水彻底冲洗至少 15min。就医。

眼睛接触：立即分开眼睑，用流动清水或生理盐水彻底冲洗 5~10min。就医。

食入：用水漱口，禁止催吐。给饮牛奶或蛋清。就医。

灭火方法：

消防人员必须穿全身耐酸碱消防服、佩戴空气呼吸器灭火。尽可能将容器从火场移至空旷处。喷水保持火场容器冷却，直至灭火结束。容器突然发出异常声音或出现异常现象，应立即撤离。

灭火剂：用雾状水、抗溶性泡沫、干粉、二氧化碳灭火。

泄漏应急处置：

消除所有点火源。根据液体流动和蒸气扩散的影响区域划定警戒区，无关人员从侧风、上风向撤离至安全区。建议应急处理人员戴正压自给式呼吸器，穿防静电、防腐蚀、防毒服，戴橡胶耐酸碱手套。作业时使用的所有设备应接地。禁止接触或跨越泄漏物。尽可能切断泄漏源。防止泄漏物进入水体、下水道、地下室或有限空间。

小量泄漏：用砂土或其他不燃材料吸收。使用洁净的无火花工具收集吸收材料。

大量泄漏：构筑围堤或挖坑收容。用抗溶性泡沫覆盖，减少蒸发。喷水雾能减少蒸发，但不能降低泄漏物在有限空间内的易燃性。用碎石灰石($CaCO_3$)、苏打灰(Na_2CO_3)或石灰(CaO)中和。用防爆、耐腐蚀泵转移至槽车或专用收集器内。

13. 1,3-丁二烯

化学品标识信息

中文名称：1,3-丁二烯　　**别名：**联乙烯

英文名称：1，3-butadiene；butadiene；vinylethylene

CAS 号：106-99-0　　**UN 号：**1010

主要用途：用于合成橡胶、ABS 树脂、酸酐、有机合成中间体等。

理化特性

物理状态、外观：轻微芳香味无色气体。

爆炸下限[%(V/V)]：1.1

爆炸上限[%(V/V)]：16.3

熔点(℃)：-108.9

沸点(℃)：-4.4

相对密度(水=1)：0.62

相对蒸气密度(空气=1)：1.87

饱和蒸气压(kPa)：245.27(21℃)

燃烧热(kJ/mol)：2541.0

危险性概述

危险性说明：极易燃气体，内装加压气体：遇热可能爆炸，可造成遗传性缺陷，可能致癌。

危险性类别：易燃气体，类别 1；加压气体；生殖细胞致突变性，类别 1B；致癌性，类别 1A。

象形图： 

警示词：危险。

物理化学危险性：极易燃，与空气混合能形成爆炸性混合物。

健康危害：

本品具有麻醉和刺激作用。

急性中毒：轻者有头痛、头晕、恶心、咽痛、耳鸣、全身乏力、嗜睡等。重者出现酒醉状态、呼吸困难、脉速等，后转入意识丧失和抽搐，有时也可有烦躁不安、到处乱跑等精神症状。脱离接触后，迅速恢复。头痛和嗜睡有时可持续一段时间。皮肤直接接触丁二烯可发生灼伤或冻伤。

慢性影响：长期接触一定浓度的丁二烯可出现头痛、头晕、全身乏力、失眠、多梦、记忆力减退、恶心、心悸等症状。偶见皮炎和多发性神经炎。

侵入途径：吸入。

职业接触限值：

中国：PC-TWA 5mg/m^3[G2A]。

美国(ACGIH)：TLV-TWA 2ppm。

包装与储运

联合国危险性类别：2.1

联合国次要危险性：

联合国包装类别：—

安全储运：

储存于阴凉、通风的易燃气体专用库房。远离火种、热源。库温不宜超过30℃。应与氧化剂、卤素等分开存放，切忌混储。采用防爆型照明、通风设施。禁止使用易产生火花的机械设备和工具。储区应备有泄漏应急处理设备。

本品铁路运输时限使用耐压液化气企业自备罐车装运，装运前需报有关部门批准。采用钢瓶运输时必须戴好钢瓶上的安全帽。钢瓶一般平放，并应将瓶口朝同一方向，不可交叉；高度不得超过车辆的防护栏板，并用三角木垫卡牢，防止滚动。运输时运输车辆应配备相应品种和数量的消防器材。装运该物品的车辆排气管必须配备阻火装置，禁止使用易产生火花的机械设备和工具装卸。严禁与氧化剂、卤素、食用化学品等混装混运。夏季应早晚运输，防止日光曝晒。中途停留时应远离火种、热源。公路运输时要按规定路线行驶，勿在居民区和人口稠密区停留。铁路运输时要禁止溜放。

紧急处置信息

急救措施：

吸入：迅速脱离现场至空气新鲜处。保持呼吸道通畅。如呼吸困难，给输氧。呼吸、心跳停止，立即进行心肺复苏术。就医。

皮肤接触：如发生冻伤，用温水(38~42℃)复温，忌用热水或辐射热，不要揉搓。就医。

灭火方法：

切断气源。若不能切断气源，则不允许熄灭泄漏处的火焰。消防人员必须佩戴空气呼吸器、穿全身防火防毒服，在上风向灭火。尽可能将容器从火场移至空旷处。喷水保持火场容器冷却，直至灭火结束。

灭火剂：用雾状水、泡沫、二氧化碳、干粉灭火。

泄漏应急处置：

消除所有点火源。根据气体的影响区域划定警戒区，无关人员从侧风、上风向撤离至安全区。建议应急处理人员戴正压自给式呼吸器，穿防静电服。作业时使用的所有设备应接地。尽可能切断泄漏源。喷雾状水抑制蒸气或改变蒸气云流向，避免水流接触泄漏物。禁止用水直接冲击泄漏物或泄漏源。防止气体通过下水道、通风系统和有限空间扩散。隔离泄漏区直至气体散尽。

14. 蒽

化学品标识信息
中文名称：蒽　　**别名**：绿油脑 **英文名称**：anthracene；anthraceneoil；paranaphthalene；green oil **CAS 号**：120-12-7　　**UN 号**：3077 **主要用途**：用于蒽醌生产，也用作杀虫剂、杀菌剂、汽油阻凝剂等。
理化特性
物理状态、外观：浅黄色针状结晶，有蓝色荧光。 **爆炸下限[%(V/V)]**：0.6 **爆炸上限[%(V/V)]**：5.2 **熔点(℃)**：217 **沸点(℃)**：345 **相对密度(水=1)**：1.24 **相对蒸气密度(空气=1)**：6.15 **饱和蒸气压(kPa)**：0.13(145℃) **燃烧热(kJ/mol)**：7156.2 **临界温度(℃)**：596.1 **临界压力(MPa)**：3.03 **辛醇/水分配系数**：4.45 **闪点(℃)**：121(CC) **自燃温度(℃)**：540
危险性概述
危险性说明：造成严重眼刺激，可能导致皮肤过敏反应，

可能引起呼吸道刺激，对水生生物毒性非常大并具有长期持续影响。

危险性类别： 严重眼损伤/眼刺激，类别2；皮肤致敏物，类别1；特异性靶器官毒性--一次接触，类别3(呼吸道刺激)；危害水生环境-急性危害，类别1；危害水生环境-长期危害，类别1。

象形图：  

警示词： 警告。

物理化学危险性： 可燃，其粉体与空气混合，能形成爆炸性混合物。

健康危害： 纯品基本无毒。工业品因含有菲、咔唑等杂质，毒性明显增大。由于本品蒸气压很低，故经吸入中毒可能性很小。对皮肤、黏膜有刺激性；对皮肤有致敏性。口服出现胃肠道刺激症状。

侵入途径： 吸入、食入。

职业接触限值：

中国：未制定标准。

美国(ACGIH)：未制定标准。

包装与储运

联合国危险性类别： 9

联合国次要危险性：

联合国包装类别： Ⅲ类

安全储运：

储存于阴凉、通风的库房。远离火种、热源。库温不超过30℃，相对湿度不超过80%。包装密封。应与氧化剂分开存放，切忌混储。配备相应品种和数量的消防器材。储区应备有合适的材料收容泄漏物。

起运时包装要完整，装载应稳妥。运输过程中要确保容器不泄漏、不倒塌、不坠落、不损坏。严禁与氧化剂、食用化学品等混装混运。运输车辆应配备相应品种和数量的消防器材及泄漏应急处理设备。运输途中应防曝晒、雨淋，防高温。

紧急处置信息

急救措施：

皮肤接触：立即脱去污染的衣着，用流动清水彻底冲洗。就医。

眼睛接触：立即分开眼睑，用流动清水或生理盐水彻底冲洗。就医。

食入：漱口，饮水。就医。

吸入：迅速脱离现场至空气新鲜处。保持呼吸道通畅。如呼吸困难，给输氧。呼吸、心跳停止，立即进行心肺复苏术。就医。

灭火方法：

消防人员必须佩戴空气呼吸器、穿全身防火防毒服，在上风向灭火。尽可能将容器从火场移至空旷处。喷水保持火场容器冷却，直至灭火结束。

灭火剂：用干粉、二氧化碳、砂土灭火。

泄漏应急处置：

隔离泄漏污染区，限制出入。消除所有点火源。建议应急处理人员穿防腐蚀、防毒服，戴橡胶手套。穿一般作业工作服。尽可能切断泄漏源。用塑料布覆盖泄漏物，减少飞散。勿使水进入包装容器内。用洁净的铲子收集泄漏物，置于干净、干燥、盖子较松的容器中，将容器移离泄漏区。

15. 二甲胺[无水]

化学品标识信息

中文名称：二甲胺[无水]　　　　**别名**：

英文名称：dimethylamine；*n*-methyl methanamine

CAS 号：124-40-3　　　　**UN 号**：1032

主要用途：用于有机合成及沉淀氢氧化锌等。

理化特性

物理状态、外观：无色气体，高浓度的带有氨味，低浓度的有烂鱼味。

爆炸下限[%(V/V)]：2.8

爆炸上限[%(V/V)]：14.4

自燃温度(℃)：400

闪点(℃)：20

熔点(℃)：-92.2

沸点(℃)：7.0

相对密度(水=1)：0.68

相对蒸气密度(空气=1)：1.6

饱和蒸气压(kPa)：203(25℃)

燃烧热(kJ/mol)：1768.9

临界压力(MPa)：5.31

临界温度(℃)：164.5

辛醇/水分配系数：-0.38

危险性概述

危险性说明：极易燃气体，内装加压气体；遇热可能爆炸，吸入有害，造成皮肤刺激，造成严重眼损伤，可能引起呼吸道刺激。

危险性类别： 易燃气体，类别 1；加压气体；急性毒性-吸入，类别 4；皮肤腐蚀/刺激，类别 2；严重眼损伤/眼刺激，类别 1；特异性靶器官毒性--一次接触，类别 3(呼吸道刺激)。

象形图：    

警示词： 危险。

物理化学危险性： 极易燃，与空气混合能形成爆炸性混合物。

健康危害： 本品对眼和呼吸道有强烈的刺激作用，吸入后引起咳嗽、呼吸困难。重者发生肺水肿。皮肤接触液态二甲胺可引起坏死，眼睛接触可引起角膜损伤、混浊。

侵入途径： 吸入。

职业接触限值：

中国：PC-TWA　5mg/m³；PC-STEL　10mg/m³。

美国(ACGIH)：TLV-TWA　5ppm；TLV-STEL　15ppm。

包装与储运

联合国危险性类别： 2.1

联合国次要危险性：

联合国包装类别： —

安全储运：

储存于阴凉、通风的易燃气体专用库房。远离火种、热源。库温不宜超过 30℃。保持容器密封。应与氧化剂、酸类、卤素分开存放，切忌混储。采用防爆型照明、通风设施。禁止使用易产生火花的机械设备和工具。储区应备有泄漏应急处理设备。

本品铁路运输时限使用耐压液化气企业自备罐车装运，装运前需报有关部门批准。铁路非罐装运输时应严格按照铁道部《危险货物运输规则》中的危险货物配装表进行配装。采用钢瓶运输时必须戴好钢瓶上的安全帽。钢瓶一般平放，并应将瓶口朝同一方向，不可交叉；高度不得超过车辆的防护栏板，并用三角木垫卡牢，防止滚动。运输时运输车辆应配备相应品种和数量的消防器材。装运该物品的车辆排气管必须配备阻火装置，禁止使用易产生火花的机械设备和工具装卸。严禁与氧化剂、酸类、卤素、食用化学品等混装混运。夏季应早晚运输，防止日光曝晒。中途停留时应远离火种、热源。公路运输时要按规定路线行驶，禁止在居民区和人口稠密区停留。铁路运输时要禁止溜放。

紧急处置信息

急救措施：

吸入：迅速脱离现场至空气新鲜处。保持呼吸道通畅。如呼吸困难，给输氧。呼吸、心跳停止，立即进行心肺复苏术。就医。

皮肤接触：立即脱去污染的衣着，用大量流动清水彻底冲洗至少15min。就医。

眼睛接触：立即分开眼睑，用流动清水或生理盐水彻底冲洗5~10min。就医。

灭火方法：

切断气源。若不能切断气源，则不允许熄灭泄漏处的火焰。消防人员必须佩戴空气呼吸器、穿全身防火防毒服，在上风向灭火。尽可能将容器从火场移至空旷处。喷水保持火场容器冷却，直至灭火结束。

灭火剂：用雾状水、抗溶性泡沫、干粉、二氧化碳灭火。

泄漏应急处置：

消除所有点火源。根据气体的影响区域划定警戒区，无关人员从侧风、上风向撤离至安全区。建议应急处理人员戴正压自给式呼吸器，穿防静电、防腐蚀、防毒服。如果是液化气体泄漏，还应注意防冻伤。作业时使用的所有设备应接地。禁止接触或跨越泄漏物。尽可能切断泄漏源。若可能翻转容器，使之逸出气体而非液体。喷雾状水抑制蒸气或改变蒸气云流向，避免水流接触泄漏物。禁止用水直接冲击泄漏物或泄漏源。

清除方法及所使用的处置材料：构筑围堤或挖坑收容液体泄漏物。用硫酸氢钠($NaHSO_4$)中和。

16. 二硫化碳

化学品标识信息

中文名称：二硫化碳　　**别名：**

英文名称：carbon disulfide；carbon bisulphide

CAS 号：75-15-0　　**UN 号：**1131

主要用途：用于制造人造丝、杀虫剂、促进剂 M、促进剂 D，也用作溶剂。

理化特性

物理状态、外观：无色或淡黄色透明液体，有刺激性气味，易挥发。

爆炸下限[%(V/V)]：1.3

爆炸上限[%(V/V)]：50.0

熔点(℃)：-111.5

沸点(℃)：46.3

相对密度(水=1)：1.26

相对蒸气密度(空气=1)：2.63

饱和蒸气压(kPa)：40(20℃)

燃烧热(kJ/mol)：-1029.4

临界温度(℃)：280

临界压力(MPa)：7.39

辛醇/水分配系数：1.94

闪点(℃)：-30(CC)

自燃温度(℃)：90

危险性概述

危险性说明：高度易燃液体和蒸气，吞咽会中毒，吸入有害，造成皮肤刺激，造成严重眼刺激，怀疑对生育力或胎儿造成伤害，长时间或反复接触对器官造成损伤，对水生生物有毒。

危险性类别：易燃液体，类别 2；急性毒性-经口，类别 3；急性毒性-吸入，类别 4；严重眼损伤/眼刺激，类别 2；皮肤腐蚀/刺激，类别 2；生殖毒性，类别 2；特异性靶器官毒性-反复接触，类别 1；危害水生环境-急性危害，类别 2。

象形图：  

警示词：危险。

物理化学危险性：高度易燃，其蒸气与空气混合，能形成爆炸性混合物。

健康危害：

二硫化碳是损害神经和血管的毒物。

急性中毒：轻度中毒表现为麻醉症状，出现头昏、头痛、眩晕、乏力、恶心、呕吐、步态蹒跚、欣快感、哭笑无常以及眼和上呼吸道黏膜刺激症状。重度中毒可呈短时间强烈兴奋状态，继之出现幻觉、谵妄、意识丧失、阵发性或强直性痉挛、体温下降、瞳孔对光反射迟钝或消失等急性中毒性脑病的临床表现，甚至呼吸衰竭死亡。急性中毒恢复后可能在一段时间内遗留头痛、失眠、多梦、乏力等神经衰弱综合征症状，个别伴有精神障碍。皮肤接触二硫化碳可引起局部红斑，甚至大疱。

慢性中毒：表现有神经衰弱综合征，植物神经功能紊乱，多发性周围神经病，中毒性脑病，中毒性神经病。眼底检查出现视网膜微动脉瘤。

侵入途径：吸入、食入、经皮吸收。

职业接触限值：

中国：PC-TWA　5mg/m^3；PC-STEL　10mg/m^3[皮]。
美国(ACGIH)：TLV-TWA　1ppm[皮]。

包装与储运

联合国危险性类别： 3
联合国次要危险性： 6.1
联合国包装类别： Ⅰ类
安全储运：

在室温下易挥发，因此容器内可用水封盖表面。储存于阴凉、通风的库房。远离火种、热源。库温不宜超过29℃。保持容器密封。应与氧化剂、胺类、碱金属、食用化学品分开存放，切忌混储。采用防爆型照明、通风设施。禁止使用易产生火花的机械设备和工具。储区应备有泄漏应急处理设备和合适的收容材料。

二硫化碳液面上应覆盖不少于该容器容积1/4的水。铁路运输采用小开口铝桶、小开口厚钢桶包装时，须经铁路局批准。运输时运输车辆应配备相应品种和数量的消防器材及泄漏应急处理设备。夏季最好早晚运输。运输时所用的槽(罐)车应有接地链，槽内可设孔隔板以减少震荡产生静电。严禁与氧化剂、胺类、碱金属、食用化学品等混装混运。运输途中应防曝晒、雨淋，防高温。中途停留时应远离火种、热源、高温区。装运该物品的车辆排气管必须配备阻火装置，禁止使用易产生火花的机械设备和工具装卸。公路运输时要按规定路线行驶，勿在居民区和人口稠密区停留。铁路运输时要禁止溜放。严禁用木船、水泥船散装运输。

紧急处置信息

急救措施：

吸入：迅速脱离现场至空气新鲜处。保持呼吸道通畅。如呼吸困难，给输氧。呼吸、心跳停止，立即进行心肺复苏术。就医。

皮肤接触：立即脱去污染的衣着，用流动清水彻底冲洗。就医。

眼睛接触：立即分开眼睑，用流动清水或生理盐水彻底冲洗。就医。

食入：漱口，饮水。就医。

灭火方法：

消防人员必须佩戴空气呼吸器、穿全身防火防毒服，在上风向灭火。喷水冷却容器，可能的话将容器从火场移至空旷处。容器突然发出异常声音或出现异常现象，应立即撤离。用水灭火无效。

灭火剂：用雾状水、泡沫、干粉、二氧化碳、砂土灭火。

泄漏应急处置：

消除所有点火源。根据液体流动和蒸气扩散的影响区域划定警戒区，无关人员从侧风、上风向撤离至安全区。建议应急处理人员戴正压自给式呼吸器，穿防毒、防静电服，戴橡胶耐油手套。作业时使用的所有设备应接地。禁止接触或跨越泄漏物。尽可能切断泄漏源。防止泄漏物进入水体、下水道、地下室或有限空间。

小量泄漏：用砂土或其他不燃材料吸收。使用洁净的无火花工具收集吸收材料。

大量泄漏：构筑围堤或挖坑收容。用砂土、惰性物质或蛭石吸收大量液体。用泡沫覆盖，减少蒸发。喷水雾能减少蒸发，但不能降低泄漏物在有限空间内的易燃性。用防爆泵转移至槽车或专用收集器内。

17. *N*，*N'*-二亚硝基五亚甲基四胺

化学品标识信息

中文名称： *N*,*N'*-二亚硝基五亚甲基四胺

别名： 发泡剂 H

英文名称： *N*,*N'*-dinitrosopentamethylene tetramine，with phlegmatizer；foamer H

CAS 号： 101-25-7　　**UN 号：** 3224

主要用途： 作为发泡剂，用于天然橡胶及合成橡胶、塑料制品的发泡。

理化特性

物理状态、外观： 浅黄色粉末，无臭味。

相对密度(水=1)： 1.4~1.45

熔点(℃)： 207(分解)

分解温度(℃)： 190~200

危险性概述

危险性说明： 加热可能起火。

危险性类别： 自反应物质和混合物，C 型。

象形图： 

警示词： 危险。

物理化学危险性： 加热可能起火，与氧化剂混合物易引起爆炸，燃烧产生有毒氮氧化物烟雾。受撞击、摩擦，遇明火或其他点火源极易爆炸。

健康危害： 轻度中毒时，发生头痛、头晕、恶心、眼刺

激或引起支气管炎或肺炎；严重中毒可发生肺水肿，呼吸道刺激会发展为急性肺损伤。症状可能会延迟24~72h出现。长期接触会引起过敏性皮炎或哮喘，并伴有支气管痉挛和慢性接触引起的喘息。本品热解能放出有毒的氮氧化物烟雾。口服具有中等毒性。

侵入途径：吸入。

职业接触限值：

中国：未制定标准。

美国(ACGIH)：未制定标准。

包装与储运

联合国危险性类别：4.1

联合国次要危险性：—

联合国包装类别：—

安全储运：

储存于阴凉、通风的库房。远离火种、热源，保持低温干燥。应与氧化剂、酸类、碱类分开存放，切忌混储。采用防爆型照明、通风设施。禁止使用易产生火花的机械设备和工具。储区应备有合适的材料收容泄漏物。

运输时运输车辆应配备相应品种和数量的消防器材及泄漏应急处理设备。装运本品的车辆排气管须有阻火装置。运输过程中要确保容器不泄漏、不倒塌、不坠落、不损坏。严禁与氧化剂、酸类、碱类、食用化学品等混装混运。运输途中应防曝晒、雨淋，防高温。中途停留时应远离火种、热源。车辆运输完毕应进行彻底清扫。铁路运输时要禁止溜放。

紧急处置信息

急救措施：

吸入：迅速脱离现场至空气新鲜处。保持呼吸道通畅。如呼吸困难，给输氧。呼吸、心跳停止，立即进行心肺复苏术。就医。

皮肤接触：立即脱去污染的衣着，用大量流动清水或肥皂水彻底冲洗10~15min。就医。

眼睛接触：立即分开眼睑，用流动清水或生理盐水彻底冲洗5~10min。如戴隐形眼镜，并能方便取出，取下隐形眼镜继续冲洗。如疼痛、肿胀、流泪或畏光症状持续存在，就医。

食入：漱口，饮足量的水或牛奶，禁止催吐。就医。

灭火方法：

消防人员必须佩戴空气呼吸器、穿全身防火防毒服，在上风向灭火。尽可能将容器从火场移至空旷处。喷水保持火场容器冷却，直至灭火结束。容器突然发出异常声音或出现异常现象，应立即撤离。禁止使用酸碱灭火剂。

灭火剂：用水、砂土灭火。

泄漏应急处置：

隔离泄漏污染区，限制出入。消除所有点火源。建议应急处理人员戴防尘口罩，穿防毒服，戴防毒物渗透手套。禁止接触或跨越泄漏物。尽可能切断泄漏源。防止泄漏物进入水体、下水道、地下室或有限空间。用惰性、湿润的不燃材料吸收泄漏物，用洁净的无火花工具收集于一盖子较松的塑料容器中，待处理。

18. 二氧化硫

化学品标识信息

中文名称：二氧化硫　　　　**别名：**亚硫酸酐

英文名称：sulfur dioxide；sulfurous anhydride

CAS 号：7446-09-5　　　　**UN 号：**1079

主要用途：用于制造硫酸和保险粉等。

理化特性

物理状态、外观：无色气体，有刺激性气味。

熔点(℃)：-75.5

沸点(℃)：-10

相对密度(水=1)：1.4(-10℃)

相对蒸气密度(空气=1)：2.25

饱和蒸气压(kPa)：330(20℃)

临界温度(℃)：157.8

临界压力(MPa)：7.87

辛醇/水分配系数：-2.20

黏度(mPa·s)：0.368(液体，0℃)

危险性概述

危险性说明：内装加压气体；遇热可能爆炸，吸入会中毒，造成严重的皮肤灼伤和眼损伤。

危险性类别：加压气体；急性毒性-吸入，类别 3；皮肤腐蚀/刺激，类别 1B；严重眼损伤/眼刺激，类别 1。

象形图：  

警示词：危险。

物理化学危险性：不燃，无特殊燃爆特性。

健康危害：

易被湿润的黏膜表面吸收生成亚硫酸、硫酸。对眼及呼吸道黏膜有强烈的刺激作用。大量吸入可引起肺水肿、喉水肿、声带痉挛而致窒息。

急性中毒：轻度中毒时，发生流泪、畏光、咳嗽、咽喉灼痛等呼吸道及眼结膜刺激症状；严重中毒可在数小时内发生肺水肿，并可致呼吸中枢麻痹；极高浓度吸入立即引起喉痉挛、水肿，而致窒息。重度中毒可并发气胸、纵隔气肿。液态二氧化硫污染皮肤或溅入眼内，可造成皮肤灼伤和角膜上皮细胞坏死，形成白斑、疤痕。

慢性影响：长期低浓度接触，可有头痛、头昏、乏力等全身症状以及慢性鼻炎、咽喉炎、支气管炎、嗅觉及味觉减退等。少数人员有牙齿酸蚀症。

侵入途径：吸入。

职业接触限值：

中国：PC-TWA　$5mg/m^3$；PC-STEL　$10mg/m^3$。

美国(ACGIH)：TLV-STEL　0.25ppm。

包装与储运

联合国危险性类别：2.3

联合国次要危险性：8

联合国包装类别：—

安全储运：

储存于阴凉、通风的有毒气体专用库房。远离火种、热源。库温不宜超过30℃。应与易(可)燃物、氧化剂、还原剂、食用化学品分开存放，切忌混储。储区应备有泄漏应急处理设备。

本品铁路运输时限使用耐压液化气企业自备罐车装运，装运前需报有关部门批准。采用钢瓶运输时必须戴好钢瓶上的安全帽。钢瓶一般平放，并应将瓶口朝同一方向，不可交叉；高度不得超过车辆的防护栏板，并用三角木垫卡牢，防止滚动。严禁与易燃物或可燃物、氧化剂、还原剂、食用化学品等混装混运。夏季应早晚运输，防止日光曝晒。公路运输时要按规定路线行驶，禁止在居民区和人口稠密区停留。铁路运输时要禁止溜放。

紧急处置信息

急救措施：

吸入：迅速脱离现场至空气新鲜处。保持呼吸道通畅。如呼吸困难，给输氧。呼吸、心跳停止，立即进行心肺复苏术。就医。

皮肤接触：立即脱去污染的衣着，用大量流动清水彻底冲洗至少 15min。就医。

眼睛接触：立即分开眼睑，用流动清水或生理盐水彻底冲洗 5~10min。就医。

灭火方法：

消防人员必须佩戴空气呼吸器、穿全身防火防毒服，在上风向灭火。切断气源。喷水冷却容器，可能的话将容器从火场移至空旷处。

灭火剂：本品不燃。根据着火原因选择适当灭火剂灭火。

泄漏应急处置：

根据气体扩散的影响区域划定警戒区，无关人员从侧风、上风向撤离至安全区。建议应急处理人员穿内置正压自给式呼吸器的全封闭防化服。如果是液化气体泄漏，还应注意防冻伤。尽可能切断泄漏源。防止气体通过下水道、通风系统和有限空间扩散。若可能翻转容器，使之逸出气体而非液体。喷雾状水抑制蒸气或改变蒸气云流向，避免水流接触泄漏物。禁止用水直接冲击泄漏物或泄漏源。用碎石灰石（$CaCO_3$）、苏打灰（Na_2CO_3）或石灰（CaO）中和。隔离泄漏区直至气体散尽。

19. 二氧化碳

化学品标识信息

中文名称：二氧化碳
别名：碳酸酐；碳酸气；碳酐
英文名称：carbon dioxide；carbonic anhydride
CAS 号：124-38-9
UN 号：1013[气体]；2187[冷冻液体]
主要用途：用于制糖工业、制碱工业、制铅白等，也用于冷饮、灭火及有机合成。

理化特性

物理状态、外观：无色无味气体。
爆炸下限[%(V/V)]：无意义
爆炸上限[%(V/V)]：无意义
熔点(℃)：-56.6(527kPa)
沸点(℃)：-78.5(升华)
相对密度(水=1)：1.56(-79℃)
相对蒸气密度(空气=1)：1.53
饱和蒸气压(kPa)：1013.25(-39℃)
燃烧热(kJ/mol)：无资料

危险性概述

危险性说明：内装加压气体；遇热可能爆炸，可能引起昏昏欲睡或眩晕。
危险性类别：加压气体；特异性靶器官毒性——一次接触，类别3(麻醉效应)。

象形图：

警示词：警告。

物理化学危险性：不燃，无特殊燃爆特性。

健康危害：

在低浓度时，对呼吸中枢呈兴奋作用，高浓度时则产生抑制甚至麻痹作用。中毒机制中还兼有缺氧的因素。

急性中毒：轻度中毒出现头晕、头痛、疲乏、恶心等，脱离接触后较快恢复。人进入高浓度二氧化碳环境，在几秒钟内迅速昏迷倒下，反射消失、瞳孔扩大或缩小、大小便失禁、呕吐等，更严重者出现呼吸、心跳停止及休克，甚至死亡。

慢性影响：经常接触较高浓度的二氧化碳者，可有头晕、头痛、失眠、易兴奋、无力等神经功能紊乱等。但在生产中是否存在慢性中毒国内外均未见病例报道。

侵入途径：吸入。

职业接触限值：

中国：PC-TWA 9000mg/m^3；PC-STEL 18000mg/m^3。

美国（ACGIH）：TLV-TWA 5000ppm；TLV-STEL 30000ppm。

包装与储运

联合国危险性类别：2.2

联合国次要危险性：

联合国包装类别：—

安全储运：

储存于阴凉、通风的库房。远离火种、热源。库温不超过 30℃，相对湿度不超过 80%。保持容器密封。应与易(可)燃物、碱类分开存放，切忌混储。储区应备有泄漏应急处理设备和合适的收容材料。

采用钢瓶运输时必须戴好钢瓶上的安全帽。钢瓶一般平放，并应将瓶口朝同一方向，不可交叉；高度不得超过车辆的防护栏板，并用三角木垫卡牢，防止滚动。严禁与易燃物或可燃物等混装混运。夏季应早晚运输，防止日光曝晒。铁路运输时要禁止溜放。

紧急处置信息

急救措施：

吸入：迅速脱离现场至空气新鲜处。保持呼吸道通畅。如呼吸困难，给输氧。呼吸、心跳停止，立即进行心肺复苏术。就医。

灭火方法：

喷水冷却容器，可能的话将容器从火场移至空旷处。

灭火剂：本品不燃。根据着火原因选择适当灭火剂灭火。

泄漏应急处置：

大量泄漏：根据气体扩散的影响区域划定警戒区，无关人员从侧风、上风向撤离至安全区。建议应急处理人员戴正压自给式呼吸器，穿一般作业工作服。尽可能切断泄漏源。漏出气允许排入大气中。泄漏场所保持通风。

20. 氟硅酸

化学品标识信息

中文名称： 氟硅酸　　**别名：** 硅氟酸

英文名称： fluosilicic acid；sicicofluoric acid

CAS 号： 16961-83-4　　**UN 号：** 1778

主要用途： 制取氟硅酸盐及四氟化硅的原料，也应用于金属电镀、木材防腐、啤酒消毒等。

理化特性

物理状态、外观： 无色透明的发烟液体，有刺激性气味。

熔点(℃)： -17～-20

沸点(℃)： 105(分解)

相对密度(水=1)： 1.2

饱和蒸气压(kPa)： 3.19(20℃)

危险性概述

危险性说明： 造成严重的皮肤灼伤和眼损伤。

危险性类别： 皮肤腐蚀/刺激，类别 1B；严重眼损伤/眼刺激，类别 1。

象形图： 

警示词： 危险。

物理化学危险性： 不燃，无特殊燃爆特性。

健康危害： 皮肤直接接触，引起发红，局部有烧灼感，重者有溃疡形成。对机体的作用似氢氟酸，但较弱。

侵入途径： 吸入、食入。

职业接触限值：

中国：PC-TWA　$2mg/m^3$[按F计]。

美国(ACGIH)：TLV-TWA　$2.5mg/m^3$[按F计]。

包装与储运

联合国危险性类别： 8

联合国次要危险性：

联合国包装类别： Ⅱ类

安全储运：

储存于阴凉、通风的库房。远离火种、热源。库温不超过30℃，相对湿度不超过80%。保持容器密封。应与易(可)燃物、碱类分开存放，切忌混储。储区应备有泄漏应急处理设备和合适的收容材料。

起运时包装要完整，装载应稳妥。运输过程中要确保容器不泄漏、不倒塌、不坠落、不损坏。严禁与易燃物或可燃物、碱类、食用化学品等混装混运。运输时运输车辆应配备泄漏应急处理设备。运输途中应防曝晒、雨淋，防高温。公路运输时要按规定路线行驶，勿在居民区和人口稠密区停留。

紧急处置信息

急救措施：

吸入：迅速脱离现场至空气新鲜处。保持呼吸道通畅。如呼吸困难，给输氧。呼吸、心跳停止，立即进行心肺复苏术。就医。

皮肤接触：立即脱去污染的衣着，用大量流动清水彻底冲洗至少15min。就医。

眼睛接触：立即分开眼睑，用流动清水或生理盐水彻底冲洗5~10min。就医。

食入：用水漱口，禁止催吐。给饮牛奶或蛋清。就医。

灭火方法：

消防人员必须穿全身耐酸碱消防服、佩戴空气呼吸器灭火。尽可能将容器从火场移至空旷处。喷水保持火场容器冷却，直至灭火结束。

灭火剂：用泡沫、干粉、二氧化碳、砂土灭火。

泄漏应急处置：

根据液体流动和蒸气扩散的影响区域划定警戒区，无关人员从侧风、上风向撤离至安全区。建议应急处理人员戴正压自给式呼吸器，穿防腐蚀、防毒服，戴橡胶耐酸碱手套。穿上适当的防护服前严禁接触破裂的容器和泄漏物。尽可能切断泄漏源。防止泄漏物进入水体、下水道、地下室或有限空间。

小量泄漏：用干燥的砂土或其他不燃材料吸收或覆盖，收集于容器中。

大量泄漏：构筑围堤或挖坑收容。用碎石灰石（$CaCO_3$）、苏打灰（Na_2CO_3）或石灰（CaO）中和。用耐腐蚀泵转移至槽车或专用收集器内。

21. 氟化氢

化学品标识信息

中文名称： 氟化氢　　**别名：** 无水氟化氢

英文名称： hydrogen fluride

CAS 号： 7664-39-3　　**UN 号：** 1052

主要用途： 用于蚀刻玻璃，以及制氟化合物。

理化特性

物理状态、外观： 无色气体，有刺激性气味。

熔点(℃)： -83.3

沸点(℃)： 19.4

相对密度(水=1)： 0.988

相对蒸气密度(空气=1)： 0.7

饱和蒸气压(kPa)： 53.33(2.5℃)

辛醇/水分配系数： 0.230

临界温度(℃)： 188

临界压力(MPa)： 6.48

危险性概述

危险性说明： 吞咽致命，皮肤接触会致命，吸入致命，造成严重的皮肤灼伤和眼损伤。对水生生物有害。

危险性类别： 急性毒性-经口，类别 2；急性毒性-经皮，类别 1；急性毒性-吸入，类别 2；皮肤腐蚀/刺激，类别 1A；严重眼损伤/眼刺激，类别 1；危害水生环境-急性危害，类别 3。

象形图： 

警示词：危险。

物理化学危险性：不燃，无特殊燃爆特性。

健康危害：

对呼吸道黏膜及皮肤有强烈的刺激和腐蚀作用。

急性中毒：吸入较高浓度氟化氢，可引起眼及呼吸道黏膜刺激症状，严重者可发生支气管炎、肺炎或肺水肿，甚至发生反射性窒息。眼接触局部剧烈疼痛，重者角膜损伤，甚至发生穿孔。氟化氢极易溶入水，其溶液即为氢氟酸。氢氟酸皮肤灼伤初期皮肤潮红、干燥。创面苍白，坏死，继而呈紫黑色或灰黑色。深部灼伤或处理不当时，可形成难以愈合的深溃疡，损及骨膜和骨质。本品灼伤疼痛剧烈。

慢性影响：眼和上呼吸道刺激症状，或有鼻衄，嗅觉减退。可有牙齿酸蚀症。骨骼 X 射线异常与工业性氟病相比少见。

侵入途径：吸入、食入、经皮吸收。

职业接触限值：

中国：MAC 2mg/m^3[按 F 计]。

美国(ACGIH)：TLV-TWA 0.5ppm；TLV-C 2ppm [皮]。

包装与储运

联合国危险性类别：8

联合国次要危险性：6.1

联合国包装类别：Ⅰ类

安全储运：

储存于阴凉、通风的库房。远离火种、热源。库温不超过 30℃，相对湿度不超过 80%。应与易(可)燃物、食用化学品分开存放，切忌混储。储区应备有泄漏应急处理设备。

起运时包装要完整，装载应稳妥。运输过程中要确保容器不泄漏、不倒塌、不坠落、不损坏。严禁与易燃物或可燃物、食用化学品等混装混运。运输时运输车辆应配备泄漏应急处理设备。运输途中应防曝晒、雨淋，防高温。公路运输时要按规定路线行驶，勿在居民区和人口稠密区停留。

紧急处置信息

急救措施：

吸入：迅速脱离现场至空气新鲜处。保持呼吸道通畅。如呼吸困难，给输氧。呼吸、心跳停止，立即进行心肺复苏术。就医。

皮肤接触：立即脱去污染的衣着，用氯化钙溶液和大量流动清水彻底冲洗至少15min。就医。

眼睛接触：立即分开眼睑，用流动清水或生理盐水彻底冲洗5~10min。就医。

食入：用水漱口，禁止催吐。给饮牛奶或蛋清。就医。

灭火方法：

消防人员必须佩戴空气呼吸器、穿全身防火防毒服，在上风向灭火。尽可能将容器从火场移至空旷处。喷水保持火场容器冷却，直至灭火结束。

灭火剂：用雾状水、泡沫灭火。

泄漏应急处置：

根据液体流动和蒸气扩散的影响区域划定警戒区，无关人员从侧风、上风向撤离至安全区。建议应急处理人员戴正压自给式呼吸器，穿防腐蚀、防毒服，戴橡胶耐酸碱手套。禁止接触或跨越泄漏物。尽可能切断泄漏源。防止气体通过下水道、通风系统和有限空间扩散。若可能翻转容器，使之逸出气体而非液体。喷雾状水稀释、溶解。高浓度泄漏区，喷氨水或其他稀碱液中和。用砂土、惰性物质或蛭石吸收大量液体。用石灰（CaO）、碎石灰石（$CaCO_3$）或碳酸氢钠（$NaHCO_3$）中和。隔离泄漏区直至气体散尽。

22. 高氯酸铵

化学品标识信息

中文名称：高氯酸铵　　**别名：**过氯酸铵

英文名称：ammonium perchlorate

CAS 号：7790-98-9　　**UN 号：**0402 或 1442

主要用途：用于制造炸药、烟火，并用作分析试剂、氧化剂。

理化特性

物理状态、外观：无色或白色结晶，有刺激气味。

熔点(℃)：130(分解/爆炸)

辛醇/水分配系数：-5.840

相对密度(水=1)：1.95

危险性概述

危险性说明：爆炸物、整体爆炸危险，可引起燃烧或爆炸；强氧化剂。

危险性类别：爆炸物，1.1 项；氧化性固体，类别 1。

象形图：

警示词：危险。

物理化学危险性：与可燃物混合或急剧加热会发生爆炸。

健康危害：对眼、皮肤、黏膜和上呼吸道有刺激性。

侵入途径：食入。

职业接触限值：

中国：未制定标准。

美国(ACGIH)：未制定标准。

包装与储运

联合国危险性类别：1.1D(0402)、5.1(1442)

联合国次要危险性：

联合国包装类别：—(0402)、Ⅱ类(1442)

安全储运：

储存于阴凉、通风的库房。库温不超过30℃，相对湿度不超过80%。远离火种、热源。包装密封。应与易(可)燃物、还原剂、酸类、卤素、金属氧化物等分开存放，切忌混储。储区应备有合适的材料收容泄漏物。

运输时单独装运，运输过程中要确保容器不泄漏、不倒塌、不坠落、不损坏。运输时运输车辆应配备相应品种和数量的消防器材及泄漏应急处理设备。严禁与酸类、易燃物、有机物、还原剂、自燃物品、遇湿易燃物品等并车混运。运输时车速不宜过快，不得强行超车。运输车辆装卸前后，均应彻底清扫、洗净，严禁混入有机物、易燃物等杂质。

紧急处置信息

急救措施：

吸入：迅速脱离现场至空气新鲜处。保持呼吸道通畅。如呼吸困难，给输氧。呼吸、心跳停止，立即进行心肺复苏术。就医。

皮肤接触：立即脱去污染的衣着，用流动清水彻底冲洗。就医。

眼睛接触：立即分开眼睑，用流动清水或生理盐水彻底冲洗。就医。

食入：漱口，饮水。就医。

灭火方法：

消防人员必须佩戴空气呼吸器、穿全身防火防毒服，在上风向灭火。尽可能将容器从火场移至空旷处。喷水保持火场容器冷却，直至灭火结束。在火场中与可燃物混合会爆炸，消防人员须在有防爆掩蔽处操作。禁止用砂土压盖。

灭火剂：爆炸品。根据着火原因选择适当灭火剂灭火。

泄漏应急处置：

隔离泄漏污染区，限制出入。建议应急处理人员戴防尘口罩，穿防毒服，戴橡胶手套。勿使泄漏物与可燃物质(如木材、纸、油等)接触。穿上适当的防护服前严禁接触破裂的容器和泄漏物。

小量泄漏：用大量水冲洗，洗水稀释后放入废水系统。

大量泄漏：在专家指导下清除。

23. 过氧化二苯甲酰

化学品标识信息

中文名称： 过氧化二苯甲酰

别名： 过氧化苯甲酰；过氧化二苯基乙二醛

英文名称： benzoyl peroxide；benzoyl superoxide；Diphenylglyoxal peroxide

CAS 号： 94-36-0

U N 号： 3102(51%<含量≤100%，惰性固体含量≤48%或者77%<含量≤94%，含水≥6%)；3104(含量≤77%，含水≥23%)；3106(35%<含量≤52%，惰性固体含量≥48%或者含量≤62%，惰性固体含量≥28%，含水≥10%或者糊状物，52%<含量≤62%)；3107(36%<含量≤42%，含A型稀释剂≥18%，含水≤40%)；3108(糊状物，含量≤52%或者糊状物，含量≤56.5%，含水≥15%)；3109(含量≤42%，在水中稳定弥散)

主要用途： 用作聚合反应催化剂，用于油脂的精制、蜡的脱色、医药的制造等。

理化特性

物理状态、外观： 白色或淡黄色细粒，微有苦杏仁气味。

熔点(℃)： 103~108

燃烧热(kJ/mol)： 6855.2

相对密度(水=1)： 1.33

临界压力(MPa)： 2.57

辛醇/水分配系数： 3.46

闪点(℃)： 80
自燃温度(℃)： 80
分解温度(℃)： 103~105

危险性概述

危险性说明： 加热可引起燃烧或爆炸，造成严重眼刺激，可能导致皮肤过敏反应。对水生生物毒性非常大。

危险性类别： 有机过氧化物，B型；严重眼损伤/眼刺激，类别2；皮肤致敏物，类别1；危害水生环境-急性危害，类别1。

象形图：    

警示词： 危险。

物理化学危险性： 易燃。受撞击、摩擦，遇明火或其他点火源极易爆炸。

健康危害： 本品对上呼吸道有刺激性。对皮肤有强烈刺激及致敏作用。进入眼内可造成损害。

侵入途径： 吸入、食入、经皮吸收。

职业接触限值：

中国：PC-TWA　5mg/m^3。

美国(ACGIH)：TLV-TWA　5mg/m^3。

包装与储运

联合国危险性类别： 5.2
联合国次要危险性：
联合国包装类别： —
安全储运：

储存时以水作稳定剂，一般含水30%。库温应保持在

2~25℃。应与还原剂、酸类、碱类、醇类分开存放，切忌混储。不宜久存，以免变质。采用防爆型照明、通风设施。禁止使用易产生火花的机械设备和工具。储区应备有合适的材料收容泄漏物。禁止震动、撞击和摩擦。

运输时单独装运，运输过程中要确保容器不泄漏、不倒塌、不坠落、不损坏。运输时运输车辆应配备相应品种和数量的消防器材及泄漏应急处理设备。严禁与酸类、易燃物、有机物、还原剂、自燃物品、遇湿易燃物品等并车混运。车速要加以控制，避免颠簸、震荡。夏季应早晚运输，防止日光曝晒。运输车辆装卸前后，均应彻底清扫、洗净，严禁混入有机物、易燃物等杂质。

紧急处置信息

急救措施：

吸入：迅速脱离现场至空气新鲜处。保持呼吸道通畅。如呼吸困难，给输氧。呼吸、心跳停止，立即进行心肺复苏术。就医。

皮肤接触：立即脱去污染的衣着，用流动清水彻底冲洗。就医。

眼睛接触：立即分开眼睑，用流动清水或生理盐水彻底冲洗。就医。

食入：漱口，饮水。就医。

灭火方法：

消防人员须在有防爆掩蔽处操作。遇大火切勿轻易接近。在物料附近失火，须用水保持容器冷却。禁止用砂土压盖。

灭火剂：用水、雾状水、抗溶性泡沫、二氧化碳灭火。

泄漏应急处置：

隔离泄漏污染区，限制出入。消除所有点火源。建议应急处理人员戴防尘口罩，穿一般作业工作服，戴橡胶手套。勿使泄漏物与可燃物质(如木材、纸、油等)接触。用雾状水保持泄漏物湿润。尽可能切断泄漏源。

防止泄漏物进入水体、下水道、地下室或有限空间

小量泄漏：用惰性、湿润的不燃材料吸收泄漏物，用洁净的无火花工具收集于一盖子较松的塑料容器中，待处理。

大量泄漏：用水润湿，并筑堤收容。在专家指导下清除。

24. 过氧化苯甲酸叔丁酯

化学品标识信息

中文名称： 过氧化苯甲酸叔丁酯

别名： 叔丁基过苯甲酸酯；过苯甲酸叔丁酯

英文名称： tert-butyl perbenzoate；tert-butyl peroxybenzoate

CAS 号： 614-45-9

UN 号： 3103（77%<含量≤100%）；3105（52%<含量≤77%，含 A 型稀释剂≥23%）；3106（含量≤52%，惰性固体含量≥48%）

主要用途： 用于化学中间体、聚合引发剂。

理化特性

物理状态、外观： 无色至微黄色液体，略有芳香味。

熔点（℃）： 8

沸点（℃）： 112（分解）

相对密度（水=1）： 1.02

饱和蒸气压（kPa）： 0.044（50℃）

闪点（℃）： 93

危险性概述

危险性说明： 加热可引起燃烧，造成眼刺激，对水生生物毒性非常大。

危险性类别： 有机过氧化物，C 型；严重眼损伤/眼刺激，类别 2B；危害水生环境-急性危害，类别 1。

象形图：  

警示词： 危险。

物理化学危险性：易燃。受撞击、摩擦，遇明火或其他点火源极易爆炸。

健康危害：本品对皮肤有刺激作用。蒸气或雾对眼睛、黏膜和上呼吸道有刺激作用。吸入、摄入或经皮吸收后对身体有害。

侵入途径：吸入、食入、经皮吸收。

职业接触限值：

中国：未制定标准。

美国(ACGIH)：未制定标准。

包装与储运

联合国危险性类别：5.2

联合国次要危险性：

联合国包装类别：—

安全储运：

储存于阴凉、通风的库房。远离火种、热源。库温不超过30℃，相对湿度不超过80%。保持容器密封。应与易(可)燃物、还原剂、食用化学品分开存放，切忌混储。采用防爆型照明、通风设施。禁止使用易产生火花的机械设备和工具。储区应备有泄漏应急处理设备和合适的收容材料。禁止震动、撞击和摩擦。

运输时单独装运，运输过程中要确保容器不泄漏、不倒塌、不坠落、不损坏。运输时运输车辆应配备相应品种和数量的消防器材。严禁与酸类、易燃物、有机物、还原剂、自燃物品、遇湿易燃物品等并车混运。车速要加以控制，避免颠簸、震荡。夏季应早晚运输，防止日光曝晒。公路运输时要按规定路线行驶，勿在居民区和人口稠密区停留。运输车辆装卸前后，均应彻底清扫、洗净，严禁混入有机物、易燃物等杂质。

紧急处置信息

急救措施：

吸入：迅速脱离现场至空气新鲜处。保持呼吸道通畅。如呼吸困难，给输氧。呼吸、心跳停止，立即进行心肺复苏术。就医。

皮肤接触：立即脱去污染的衣着，用流动清水彻底冲洗。就医。

眼睛接触：立即分开眼睑，用流动清水或生理盐水彻底冲洗。就医。

食入：漱口，饮水。就医。

灭火方法：

消防人员须戴好防毒面具，在安全距离以外，在上风向灭火。尽可能将容器从火场移至空旷处。喷水保持火场容器冷却，直至灭火结束。处在火场中的容器若已变色或从安全泄压装置中产生声音，必须马上撤离。遇大火，消防人员须在有防护掩蔽处操作。禁止用砂土压盖。

灭火剂：用雾状水、泡沫、干粉、二氧化碳灭火。

泄漏应急处置：

根据液体流动和蒸气扩散的影响区域划定警戒区，无关人员从侧风、上风向撤离至安全区。消除所有点火源。建议应急处理人员戴正压自给式呼吸器，穿防毒服。勿使泄漏物与可燃物质(如木材、纸、油等)接触。穿上适当的防护服前严禁接触破裂的容器和泄漏物。尽可能切断泄漏源。防止泄漏物进入水体、下水道、地下室或有限空间。

小量泄漏：用惰性、湿润的不燃材料吸收泄漏物，用洁净的无火花工具收集于一盖子较松的塑料容器中，待处理。

大量泄漏：构筑围堤或挖坑收容。在专家指导下清除。

25. 过氧化甲乙酮

化学品标识信息

中文名称： 过氧化甲乙酮　　　　**别名：** 过氧化丁酮

英文名称： methyl ethyl ketone peroxide；2-butanone peroxide

CAS 号： 1338-23-4

UN 号： 3101（10%<有效氧含量 ≤10.7%，含 A 型稀释剂≥48%）；3105（有效氧含量≤10%，含 A 型稀释剂≥55%）；3107（有效氧含量≤8.2%，含 A 型稀释剂≥60%）

主要用途： 用作不饱和聚酯的交联剂和引发剂，硅橡胶硫化剂。

理化特性

物理状态、外观： 无色油状液体，有愉快的气味。

相对密度（水=1）： 1.042（15℃）

分解温度（℃）： >80

闪点（℃）： 82.22

危险性概述

危险性说明： 加热可引起燃烧或爆炸，造成严重的皮肤灼伤和眼损伤，对水生生物有毒。

危险性类别： 有机过氧化物，B 型；皮肤腐蚀/刺激，类别 1；严重眼损伤/眼刺激，类别 1；危害水生环境-急性危害，类别 2。

象形图：  

警示词：危险。

物理化学危险性：易燃。受撞击、摩擦，遇明火或其他点火源极易爆炸。

健康危害：蒸气有强烈刺激性，吸入引起咽痛、咳嗽、呼吸困难，严重者引起肺水肿。肺水肿为迟发性，口服灼伤消化道，可有肝肾损伤，可致死。可致眼和皮肤灼伤。

侵入途径：吸入、食入、经皮吸收。

职业接触限值：

中国：未制定标准。

美国(ACGIH)：未制定标准。

包装与储运

联合国危险性类别：5.2

联合国次要危险性：

联合国包装类别：—

安全储运：

商品通常稀释后储装。储存于阴凉、通风的库房。远离火种、热源。防止阳光直射。保持容器密封。应与还原剂、酸类、碱类、易(可)燃物、食用化学品分开存放，切忌混储。配备相应品种和数量的消防器材。储区应备有泄漏应急处理设备和合适的收容材料。禁止震动、撞击和摩擦。

铁路运输时所用的包装方法应保证不引起该物质发生爆炸危险。铁路运输时应严格按照铁道部《危险货物运输规则》中的危险货物配装表进行配装。运输时单独装运，运输过程中要确保容器不泄漏、不倒塌、不坠落、不损坏。运输时运输车辆应配备相应品种和数量的消防器材。严禁与酸类、易燃物、有机物、还原剂、自燃物品、遇湿易燃物品等并车混运。车速要加以控制，避免颠簸、震荡。夏季应早晚运输，防止日光曝晒。公路运输时要按规定路线行驶，禁止在居民区和人口稠密区停留。运输车辆装卸前后，均应彻底清扫、洗净，严禁混入有机物、易燃物等杂质。

紧急处置信息

急救措施：

吸入：迅速脱离现场至空气新鲜处。保持呼吸道通畅。如呼吸困难，给输氧。呼吸、心跳停止，立即进行心肺复苏术。就医。

皮肤接触：立即脱去污染的衣着，用大量流动清水彻底冲洗至少15min。就医。

眼睛接触：立即分开眼睑，用流动清水或生理盐水彻底冲洗5~10min。就医。

食入：用水漱口，禁止催吐。给饮牛奶或蛋清。就医。

灭火方法：

消防人员须戴好防毒面具，在安全距离以外，在上风向灭火。尽可能将容器从火场移至空旷处。喷水保持火场容器冷却，直至灭火结束。处在火场中的容器若已变色或从安全泄压装置中产生声音，必须马上撤离。遇大火，消防人员须在有防护掩蔽处操作。禁止用砂土压盖。

灭火剂：用雾状水、泡沫、干粉、二氧化碳灭火。

泄漏应急处置：

根据液体流动和蒸气扩散的影响区域划定警戒区，无关人员从侧风、上风向撤离至安全区。消除所有点火源。建议应急处理人员戴正压自给式呼吸器，穿防毒服。勿使泄漏物与可燃物质(如木材、纸、油等)接触。穿上适当的防护服前严禁接触破裂的容器和泄漏物。尽可能切断泄漏源。防止泄漏物进入水体、下水道、地下室或有限空间。

小量泄漏：用惰性、湿润的不燃材料吸收泄漏物，用洁净的无火花工具收集于一盖子较松的塑料容器中，待处理。

大量泄漏：构筑围堤或挖坑收容。用粉煤灰或石灰粉吸收大量液体。在专家指导下清除。

26. 过氧化氢

化学品标识信息

中文名称：过氧化氢　　**别名：**双氧水

英文名称：hydrogen peroxide

CAS 号：7722-84-1

U N 号：2014(20%≤含量<60%)；2015(含量≥60%)

主要用途：用于漂白、医药，也用作分析试剂。

理化特性

物理状态、外观：无色透明液体，有微弱的特殊气味。

熔点(℃)：-0.4

沸点(℃)：150.2

相对密度(水=1)：1.46(无水)

相对蒸气密度(空气=1)：1

饱和蒸气压(kPa)：0.67(30℃)

临界压力(MPa)：20.99

辛醇/水分配系数：-1.36

危险性概述

危险性说明：可引起燃烧或爆炸：强氧化剂，吞咽有害，吸入有害，造成严重的皮肤灼伤和眼损伤，可能引起呼吸道刺激，对水生生物有害。

危险性类别：氧化性液体，类别 1；急性毒性-经口，类别 4；急性毒性-吸入，类别 4；皮肤腐蚀/刺激，类别 1A；严重眼损伤/眼刺激，类别 1；特异性靶器官毒性-一次接触，类别 3(呼吸道刺激)；危害水生环境-急性危害，类别 3。

象形图：   

警示词： 危险。

物理化学危险性： 助燃。与可燃物混合会发生爆炸。在有限空间中加热有爆炸危险。

健康危害：

吸入本品蒸气或雾对呼吸道有强烈刺激性，一次大量吸入可引起肺炎或肺水肿。眼直接接触液体可致不可逆损伤甚至失明。皮肤接触引起灼伤。口服中毒出现腹痛、胸口痛、呼吸困难、呕吐、一时性运动和感觉障碍、体温升高等。个别病例出现视力障碍、癫痫样痉挛、轻瘫。

长期接触本品可致接触性皮炎。

侵入途径： 吸入、食入。

职业接触限值：

中国：PC-TWA　1.5mg/m^3。

美国(ACGIH)：TLV-TWA　1ppm。

包装与储运

联合国危险性类别： 5.1

联合国次要危险性： 8

联合国包装类别： Ⅰ类包装(含量≥60%)；Ⅱ类包装(20%≤含量<60%)

安全储运：

储存于阴凉、干燥、通风良好的专用库房内，远离火种、热源。库温不超过30℃，相对湿度不超过80%。保持容器密封。应与易(可)燃物、还原剂、活性金属粉末等分开存放，切忌混储。储区应备有泄漏应急处理设备和合适的收容材料。

双氧水应添加足够的稳定剂。含量≥40%的双氧水，运输时须经铁路局批准。双氧水限用全钢棚车按规定办理运输。试剂包装(含量<40%)，可以按零担办理。设计的桶、罐、箱，须包装试验合格，并经铁路局批准；含量≤3%的双氧水，可按普通货物条件运输。运输时单独装运，运输过程中要确保容器不泄漏、不倒塌、不坠落、不损坏。严禁与酸类、易燃物、有机物、还原剂、自燃物品、遇湿易燃物品等并车混运。运输时车速不宜过快，不得强行超车。公路运输时要按规定路线行驶。运输车辆应配备泄漏应急处理设备。运输车辆装卸前后，均应彻底清扫、洗净，严禁混入有机物、易燃物等杂质。

紧急处置信息

急救措施：

吸入：迅速脱离现场至空气新鲜处。保持呼吸道通畅。如呼吸困难，给输氧。呼吸、心跳停止，立即进行心肺复苏术。就医。

皮肤接触：立即脱去污染的衣着，用大量流动清水彻底冲洗至少15min。就医。

眼睛接触：立即分开眼睑，用流动清水或生理盐水彻底冲洗5~10min。就医。

食入：用水漱口，禁止催吐。给饮牛奶或蛋清。就医。

灭火方法：

消防人员须戴好防毒面具，在安全距离以外，在上风向灭火。尽可能将容器从火场移至空旷处。喷水保持火场容器冷却，直至灭火结束。容器突然发出异常声音或出现异常现象，应立即撤离。禁止用砂土压盖。

灭火剂：本品不燃。根据着火原因选择适当灭火剂灭火。

泄漏应急处置：

根据液体流动和蒸气扩散的影响区域划定警戒区，无关人员从侧风、上风向撤离至安全区。建议应急处理人员戴正压自给式呼吸器，穿防腐蚀、防毒服，戴氯丁橡胶手套。远离易燃、可燃物（如木材、纸张、油品等）。尽可能切断泄漏源。

小量泄漏：用砂土、蛭石或其他惰性材料吸收。也可以用大量水冲洗，洗水稀释后放入废水系统。

大量泄漏：构筑围堤或挖坑收容。喷雾状水冷却和稀释蒸汽、保护现场人员、把泄漏物稀释成不燃物。用泵转移至槽车或专用收集器内。防止泄漏物进入水体、下水道、地下室或有限空间。

27. 过氧乙酸

化学品标识信息

中文名称： 过氧乙酸

别名： 乙酰过氧化氢；过氧化乙酸；过乙酸；过醋酸

英文名称： peroxyacetic acid；peracetic acid；acetyl hydroperoxide

CAS 号： 79-21-0 **UN 号：** 3105；3107；3109

主要用途： 用作漂白剂、催化剂、氧化剂及环氧化剂，也用作消毒剂和杀菌剂。

理化特性

物理状态： 无色液体，有强烈刺激性气味。

熔点(℃)： 0.1

沸点(℃)： 105

相对蒸气密度(空气=1)： 2.6

相对密度(水=1)： 1.15(20℃)

饱和蒸气压： 2.6(20℃)

临界压力(MPa)： 6.4

辛醇/水分配系数： -1.07

闪点(℃)： 40.5(OC)

自燃温度(℃)： 200

pH 值： <1.5

黏度(mPa·s)： 3.28(25℃)

危险性概述

危险性类别： 有机过氧化物，F 型；急性毒性-经口，类别 4；急性毒性-经皮，类别 4；急性毒性-吸入，类别 4；皮肤腐蚀/刺激，类别 1A；严重眼损伤/眼刺激，类别 1；特异性靶器官毒性——次接触，类别 3（呼吸道刺激）；危害水生环境-急性危害，类别 1。

象形图：    

警告词： 危险。

危险性说明： 加热可引起燃烧，吞咽有害，皮肤接触有害，吸入有害，造成严重的皮肤灼伤和眼损伤，可能引起呼吸道刺激，对水生生物毒性非常大。

物理、化学危险性： 易燃。受撞击、摩擦，遇明火或其他点火源极易爆炸。

健康危害： 本品对皮肤黏膜有腐蚀性。口服急性中毒可引起中毒性休克和肺水肿。

侵入途径： 吸入、食入。

职业接触限值：

中国：未制定标准。

美国（ACGIH）：未制定标准。

包装与储运

联合国危险性类别： 5.2

联合国次要危险性：

联合国包装类别： —

安全储运：

储存于有冷藏装置、通风良好、散热良好的不燃结构的库房内。远离火种、热源。库温不超过 30℃，相对湿度不超过 80%。避免光照。保持容器密封。应与还原剂、碱类、金属盐类分开存放，切忌混储。采用防爆型照明、通风设施。禁止使用易产生火花的机械设备和工具。储区应备有泄漏应急处理设备和合适的收容材料。禁止震动、撞击和摩擦。

运输时单独装运，运输过程中要确保容器不泄漏、不倒塌、不坠落、不损坏。运输时运输车辆应配备相应品种和数量的消防器材及泄漏应急处理设备。严禁与酸类、易燃物、有机物、还原剂、自燃物品、遇湿易燃物品等并车混运。车速要加以控制，避免颠簸、震荡。夏季应早晚运输，防止日光曝晒。公路运输时要按规定路线行驶，勿在居民区和人口稠密区停留。运输车辆装卸前后，均应彻底清扫、洗净，严禁混入有机物、易燃物等杂质。

紧急处置信息

急救措施：

吸入：迅速脱离现场至空气新鲜处。保持呼吸道通畅。如呼吸困难，给输氧。呼吸、心跳停止，立即进行心肺复苏术。就医。

皮肤接触：立即脱去污染的衣着，用大量流动清水彻底冲洗至少 15min。就医。

眼睛接触：立即分开眼睑，用流动清水或生理盐水彻底冲洗 5~10min。就医。

食入：用水漱口，禁止催吐。给饮牛奶或蛋清。就医。

灭火方法：

消防人员必须穿全身耐酸碱消防服、佩戴空气呼吸器灭火。在物料附近失火，须用水保持容器冷却。消防人员须在有防爆掩蔽处操作。容器突然发出异常声音或出现异常现象，应立即撤离。禁止用砂土压盖。

灭火剂：用水、雾状水、抗溶性泡沫、二氧化碳灭火。

泄漏应急处置：

根据液体流动和蒸气扩散的影响区域划定警戒区，无关人员从侧风、上风向撤离至安全区。消除所有点火源。建议应急处理人员戴正压自给式呼吸器，穿防静电、防腐蚀、防毒服，戴橡胶手套。勿使泄漏物与可燃物质(如木材、纸、油等)接触。穿上适当的防护服前严禁接触破裂的容器和泄漏物。尽可能切断泄漏源。防止泄漏物进入水体、下水道、地下室或有限空间。

小量泄漏：用惰性、湿润的不燃材料吸收泄漏物，用洁净的无火花工具收集于一盖子较松的塑料容器中，待处理。

大量泄漏：构筑围堤或挖坑收容。用泡沫覆盖，减少蒸发。在专家指导下清除。

28. 环已烷

化学品标识信息

中文名称： 环已烷　　**别名：** 六氢化苯

英文名称： cyclohexane；hexahydrobenzene

CAS 号： 110-82-7　　**UN 号：** 1145

主要用途： 用作一般溶剂、色谱分析标准物质及用于有机合成。

理化特性

物理状态、外观： 无色液体，有刺激性气味。

爆炸下限[%(V/V)]： 1.3

爆炸上限[%(V/V)]： 8.4

熔点(℃)： 6.47

沸点(℃)： 80.7

相对密度(水=1)： 0.78

相对蒸气密度(空气=1)： 2.90

饱和蒸气压(kPa)： 12.7(20℃)

燃烧热(kJ/mol)： 3919.6

临界压力(MPa)： 4.05

辛醇/水分配系数： 3.44

闪点(℃)： -18(CC)

自燃温度(℃)： 245

临界温度(℃)： 280.4

黏度(mPa·s)： 0.98(20℃)

危险性概述

危险性说明： 高度易燃液体和蒸气，造成皮肤刺激，可能引起昏昏欲睡或眩晕，吞咽及进入呼吸道可能致命，对水生生物毒性非常大。

危险性类别：易燃液体，类别 2；皮肤腐蚀/刺激，类别 2；特异性靶器官毒性——一次接触，类别 3(麻醉效应)；吸入危害，类别 1；危害水生环境-急性危害，类别 1。

象形图：

警示词：危险。

物理化学危险性：高度易燃，其蒸气与空气混合，能形成爆炸性混合物。

健康危害：对眼和上呼吸道有轻度刺激作用。持续吸入可引起头晕、恶心、嗜睡和其他一些麻醉症状。液体污染皮肤可引起痒感。

侵入途径：吸入、食入、经皮吸收。

职业接触限值：

中国：PC-TWA　250mg/m^3。

美国(ACGIH)：TLV-TWA　100ppm。

包装与储运

联合国危险性类别：3

联合国次要危险性：

联合国包装类别：Ⅱ类

安全储运：

储存于阴凉、通风的库房。远离火种、热源。库温不宜超过 29℃。保持容器密封。应与氧化剂分开存放，切忌混储。采用防爆型照明、通风设施。禁止使用易产生火花的机械设备和工具。储区应备有泄漏应急处理设备和合适的收容材料。

运输时运输车辆应配备相应品种和数量的消防器材及泄漏应急处理设备。夏季最好早晚运输。运输时所用的槽(罐)车应有接地链，槽内可设孔隔板以减少震荡产生静电。严禁与氧化剂等混装混运。运输途中应防曝晒、雨淋，防高温。中途停留时应远离火种、热源、高温区。装运该物品的车辆排气管必须配备阻火装置，禁止使用易产生火花的机械设备和工具装卸。公路运输时要按规定路线行驶，勿在居民区和人口稠密区停留。铁路运输时要禁止溜放。严禁用木船、水泥船散装运输。

紧急处置信息

急救措施：

吸入：迅速脱离现场至空气新鲜处。保持呼吸道通畅。如呼吸困难，给输氧。呼吸、心跳停止，立即进行心肺复苏术。就医。

皮肤接触：立即脱去污染的衣着，用流动清水彻底冲洗。就医。

眼睛接触：立即分开眼睑，用流动清水或生理盐水彻底冲洗。就医。

食入：漱口，饮水。禁止催吐。就医。

灭火方法：

消防人员必须佩戴空气呼吸器、穿全身防火防毒服，在上风向灭火。喷水冷却容器，可能的话将容器从火场移至空旷处。容器突然发出异常声音或出现异常现象，应立即撤离。用水灭火无效。

灭火剂：用泡沫、二氧化碳、干粉、砂土灭火。

泄漏应急处置：

消除所有点火源。根据液体流动和蒸气扩散的影响区域划定警戒区，无关人员从侧风、上风向撤离至安全区。建议应急处理人员戴正压自给式呼吸器，穿防静电服，戴橡胶耐油手套。作业时使用的所有设备应接地。禁止接触或跨越泄漏物。尽可能切断泄漏源。防止泄漏物进入水体、下水道、地下室或有限空间。

小量泄漏：用砂土或其他不燃材料吸收。使用洁净的无火花工具收集吸收材料。

大量泄漏：构筑围堤或挖坑收容。用砂土、惰性物质或蛭石吸收大量液体。用泡沫覆盖，减少蒸发。喷水雾能减少蒸发，但不能降低泄漏物在有限空间内的易燃性。用防爆泵转移至槽车或专用收集器内。

29. 环氧丙烷

化学品标识信息

中文名称：1，2-环氧丙烷

别名：甲基环氧乙烷；氧化丙烯

英文名称：1，2-epoxypropane；propylene oxide；methyl ethylene oxide

CAS 号：75-56-9　　**UN 号**：1280

主要用途：是有机合成的重要原料。用于合成润滑剂、表面活性剂、去垢剂及制造杀虫剂，生产聚氨酯泡沫和树脂等。

理化特性

物理状态：无色液体，有类似乙醚的气味。

爆炸上限[%(V/V)]：36.0

爆炸下限[%(V/V)]：2.3

熔点(℃)：-112

沸点(℃)：34

相对蒸气密度(空气=1)：2.0

相对密度(水=1)：0.83

饱和蒸气压(kPa)：71.7(25℃)

燃烧热(kJ/mol)：1755.8

临界压力(MPa)：4.93

辛醇/水分配系数：0.03

闪点(℃)：-37(CC)；-28.8(OC)

自燃温度(℃)：449

临界温度(℃)：209.1

黏度(mPa·s)：0.28(25℃)

危险性概述

危险性说明：极易燃液体和蒸气，吞咽有害，皮肤接触有害，吸入有害，造成皮肤刺激，造成严重眼刺激，可造成遗传性缺陷，怀疑对生育力或胎儿造成伤害，可能引起呼吸道刺激，对水生生物有害。

危险性类别：易燃液体，类别1；急性毒性-经口，类别4；急性毒性-经皮，类别4；急性毒性-吸入，类别4；皮肤腐蚀/刺激，类别2；严重眼损伤/眼刺激，类别2；生殖细胞致突变性，类别1B；致癌性，类别2；特异性靶器官毒性——一次接触，类别3(呼吸道刺激)；危害水生环境-急性危害，类别3。

象形图： 

警告词：危险。

物理、化学危险性：极易燃，其蒸气与空气混合，能形成爆炸性混合物。

健康危害：在工业生产中主要经呼吸道吸收。液态也可经皮肤吸收。是一种原发性刺激剂，轻度中枢神经系统抑制剂和原浆毒。接触高浓度蒸气，出现结膜充血、流泪、咽痛、咳嗽、呼吸困难；并伴有头胀、头晕、步态不稳、共济失调、恶心和呕吐。重者可见有烦躁不安、多语、谵妄，甚至昏迷。少数出现血压升高、心律不齐、心肌损害、中毒性肠麻痹、消化道出血以及肝、肾损害。液体可致角膜灼伤。皮肤接触有刺激作用，严重者可引起皮肤坏死。

侵入途径：吸入、食入、经皮吸收。

职业接触限值：

中国：PC-TWA　5mg/m^3[敏][G2B]。

美国(ACGIH)：TLV-TWA 2ppm[敏]。

包装与储运

联合国危险性类别：3

联合国次要危险性：

联合国包装类别： Ⅰ类

安全储运：

储存于阴凉、通风的库房。库温不宜超过29℃。远离火种、热源。保持容器密封。应与氧化剂、酸类、碱类分开存放，切忌混储。采用防爆型照明、通风设施。禁止使用易产生火花的机械设备和工具。储区应备有泄漏应急处理设备和合适的收容材料。

运输时运输车辆应配备相应品种和数量的消防器材及泄漏应急处理设备。夏季最好早晚运输。运输时所用的槽(罐)车应有接地链，槽内可设孔隔板以减少震荡产生静电。严禁与氧化剂、酸类、碱类、食用化学品等混装混运。运输途中应防曝晒、雨淋，防高温。中途停留时应远离火种、热源、高温区。装运该物品的车辆排气管必须配备阻火装置，禁止使用易产生火花的机械设备和工具装卸。公路运输时要按规定路线行驶，勿在居民区和人口稠密区停留。铁路运输时要禁止溜放。严禁用木船、水泥船散装运输。

紧急处置信息

急救措施：

吸入：迅速脱离现场至空气新鲜处。保持呼吸道通畅。如呼吸困难，给输氧。呼吸、心跳停止，立即进行心肺复苏术。就医。

皮肤接触：立即脱去污染的衣着，用大量流动清水彻底冲洗至少 15min。就医。

眼睛接触：立即分开眼睑，用流动清水或生理盐水彻底冲洗 5~10min。就医。

食入：用水漱口，禁止催吐。给饮牛奶或蛋清。就医。

灭火方法：

消防人员须佩戴防毒面具、穿全身消防服，在上风向灭火。尽可能将容器从火场移至空旷处。喷水保持火场容器冷却，直至灭火结束。容器突然发出异常声音或出现异常现象，应立即撤离。

灭火剂：用抗溶性泡沫、二氧化碳、干粉、砂土灭火。

泄漏应急处置：

消除所有点火源。根据液体流动和蒸气扩散的影响区域划定警戒区，无关人员从侧风、上风向撤离至安全区。建议应急处理人员戴正压自给式呼吸器，穿防毒、防静电服，戴橡胶耐油手套。作业时使用的所有设备应接地。禁止接触或跨越泄漏物。尽可能切断泄漏源。防止泄漏物进入水体、下水道、地下室或有限空间。

小量泄漏：用砂土或其他不燃材料吸收。使用洁净的无火花工具收集吸收材料。

大量泄漏：构筑围堤或挖坑收容。用砂土、惰性物质或蛭石吸收大量液体。用抗溶性泡沫覆盖，减少蒸发。喷水雾能减少蒸发，但不能降低泄漏物在有限空间内的易燃性。用防爆泵转移至槽车或专用收集器内。喷雾状水驱散蒸气、稀释液体泄漏物。

30. 环氧氯丙烷

化学品标识信息

中文名称：环氧氯丙烷

别名：3-氯-1，2-环氧丙烷；表氯醇

英文名称：3-chloro-1，2-epoxypropane；epichlorohydrin

CAS 号：106-89-8　　**UN 号**：2023

主要用途：用于制环氧树脂，也是一种含氧物质的稳定剂和化学中间体。

理化特性

物理状态：无色油状液体，有氯仿样刺激气味。

爆炸上限[%(V/V)]：21

爆炸下限[%(V/V)]：3.8

熔点(℃)：-57

沸点(℃)：116

相对蒸气密度(空气=1)：3.29

相对密度(水=1)：1.18(20℃)

饱和蒸气压(kPa)：1.8(20℃)

分解温度(℃)：105

辛醇/水分配系数：0.3

闪点(℃)：33

自燃温度(℃)：411

危险性概述

危险性说明：易燃液体和蒸气，吞咽会中毒，皮肤接触会中毒，吸入会中毒，造成严重的皮肤灼伤和眼损伤，可能导致皮肤过敏反应，可能致癌，对水生生物

有害。

危险性类别： 易燃液体，类别3；急性毒性-经口，类别3；急性毒性-经皮，类别3；急性毒性-吸入，类别3；皮肤腐蚀/刺激，类别1B；严重眼损伤/眼刺激，类别1；皮肤致敏物，类别1；致癌性，类别1B；危害水生环境-急性危害，类别3。

象形图：    

警示词： 危险。

物理、化学危险性： 易燃，其蒸气与空气混合，能形成爆炸性混合物。

健康危害：

蒸气对呼吸道有强烈刺激性。反复和长时间吸入能引起肺、肝和肾损害。高浓度吸入致中枢神经系统抑制，可致死。蒸气对眼有强烈刺激性，液体可致眼灼伤。皮肤直接接触液体可致灼伤。口服引起肝、肾损害，可致死。

慢性中毒：长期少量吸入可出现神经衰弱综合征和周围神经病变。

侵入途径： 吸入、食入、经皮吸收。

职业接触限值：

中国：PC-TWA 1mg/m^3；PC-STEL 2mg/m^3［皮］［G2A］。

美国(ACGIH)：TLV-TWA 0.5ppm［皮］。

包装与储运

联合国危险性类别： 6.1

联合国次要危险性： 3

联合国包装类别： Ⅱ类

安全储运：

储存于阴凉、通风的库房。远离火种、热源。库温不宜超过30℃。应与酸类、碱类、食用化学品分开存放，切忌混储。采用防爆型照明、通风设施。禁止使用易产生火花的机械设备和工具。储区应备有泄漏应急处理设备和合适的收容材料。

运输前应先检查包装容器是否完整、密封，运输过程中要确保容器不泄漏、不倒塌、不坠落、不损坏。运输时运输车辆应配备相应品种和数量的消防器材及泄漏应急处理设备。夏季最好早晚运输。运输时所用的槽(罐)车应有接地链，槽内可设孔隔板以减少震荡产生静电。严禁与酸类、碱类、食用化学品等混装混运。运输途中应防曝晒、雨淋，防高温。中途停留时应远离火种、热源、高温区。装运该物品的车辆排气管必须配备阻火装置，禁止使用易产生火花的机械设备和工具装卸。运输车船必须彻底清洗、消毒，否则不得装运其他物品。船运时，配装位置应远离卧室、厨房，并与机舱、电源、火源等部位隔离。公路运输时要按规定路线行驶，勿在居民区和人口稠密区停留。

紧急处置信息

急救措施：

吸入：迅速脱离现场至空气新鲜处。保持呼吸道通畅。如呼吸困难，给输氧。呼吸、心跳停止，立即进行心肺复苏术。就医。

皮肤接触：立即脱去污染的衣着，用大量流动清水彻底冲洗至少15min。就医。

眼睛接触：立即分开眼睑，用流动清水或生理盐水彻底冲洗5~10min。就医。

食入：用水漱口，禁止催吐。给饮牛奶或蛋清。就医。

灭火方法：

消防人员须佩戴防毒面具、穿全身消防服，在上风向灭火。尽可能将容器从火场移至空旷处。喷水保持火场容器冷却，直至灭火结束。处在火场中的容器若已变色或从安全泄压装置中产生声音，必须马上撤离。

灭火剂：用雾状水、泡沫、干粉、二氧化碳、砂土灭火。

泄漏应急处置：

消除所有点火源。根据液体流动和蒸气扩散的影响区域划定警戒区，无关人员从侧风、上风向撤离至安全区。建议应急处理人员戴防毒面具，穿防静电、防腐、防毒服。作业时使用的所有设备应接地。禁止接触或跨越泄漏物。尽可能切断泄漏源。防止泄漏物进入水体、下水道、地下室或有限空间。

小量泄漏：用砂土或其他不燃材料吸收。使用洁净的无火花工具收集吸收材料。

大量泄漏：构筑围堤或挖坑收容。用粉煤灰或石灰粉吸收大量液体。用泡沫覆盖，减少蒸发。喷水雾能减少蒸发，但不能降低泄漏物在有限空间内的易燃性。用防爆、耐腐蚀泵转移至槽车或专用收集器内。喷雾状水驱散蒸气、稀释液体泄漏物。

31. 环氧乙烷

化学品标识信息

中文名称：环氧乙烷　　　　**别名：**氧丙环

英文名称：ethylene oxide；oxirane；epoxyethane

CAS 号：75-21-8　　　　**UN 号：**1040

主要用途：用于制造乙二醇、表面活性剂、洗涤剂、增塑剂以及树脂等。

理化特性

物理状态、外观：无色气体，有特征气味。

爆炸下限[%(V/V)]：3.0

爆炸上限[%(V/V)]：100

熔点(℃)：-111.7

沸点(℃)：10.7

相对密度(水=1)：0.87(20℃)

相对蒸气密度(空气=1)：1.52

饱和蒸气压(kPa)：146(20℃)

燃烧热(kJ/mol)：1306.1

临界温度(℃)：195.8

饱和蒸气压(kPa)：146(20℃)

临界压力(MPa)：7.19

辛醇/水分配系数：-0.30

闪点(℃)：-29(O.C)

自燃温度(℃)：429

黏度(mPa·s)：0.01(25℃)

危险性概述

危险性说明：极易燃气体，无空气也可能迅速反应。内装加压气体；遇热可能爆炸，吸入会中毒，造成皮肤刺激，造成严重眼刺激，可造成遗传性缺陷，可能致癌，可能引起呼吸道刺激，对水生生物有害。

危险性类别：易燃气体，类别 1；化学不稳定性气体，类别 A；加压气体；急性毒性－吸入，类别 3；皮肤腐蚀/刺激，类别 2；严重眼损伤/眼刺激，类别 2；生殖细胞致突变性，类别 1B；致癌性，类别 1A；特异性靶器官毒性－－一次接触，类别 3（呼吸道刺激）；危害水生环境－急性危害，类别 3。

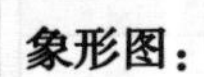
象形图：    

警示词：危险。

物理化学危险性：极易燃，与空气混合能形成爆炸性混合物。

健康危害：

是一种中枢神经抑制剂、刺激剂和原浆毒物。有致癌性。

急性中毒：患者有剧烈的搏动性头痛、头晕、恶心、呕吐、咳嗽、胸闷、呼吸困难；重者全身肌肉颤动、出汗、神志不清，以致昏迷。X 线胸片显示支气管炎、支气管周围炎或肺炎。严重时也可出现肺水肿。可出现心肌损害和肝损害。皮肤接触迅速发生红肿，数小时后起疱，反复接触可致敏。皮肤直接接触液态本品可致冻伤。蒸气对眼有强烈刺激性，严重时发生角膜灼伤；液体溅入眼内，可致角膜灼伤。

慢性影响：长期接触，可见有神经衰弱综合征、植物神经功能紊乱、周围神经损害、晶体混浊等。接触环氧乙烷的女工自然流产率增高，有胚胎毒性。

侵入途径：吸入、食入、经皮吸收。

职业接触限值：

中国：PC-TWA) 2mg/m^3[G1]。

美国(ACGIH)：TLV-TWA 1ppm。

包装与储运

联合国危险性类别：2.3

联合国次要危险性：2.1

联合国包装类别：—

安全储运：

储存于阴凉、通风的易燃气体专用库房。远离火种、热源。避免光照。库温不宜超过30℃。应与酸类、碱类、醇类、食用化学品分开存放，切忌混储。采用防爆型照明、通风设施。禁止使用易产生火花的机械设备和工具。储区应备有泄漏应急处理设备。

采用钢瓶运输时必须戴好钢瓶上的安全帽。钢瓶一般平放，并应将瓶口朝同一方向，不可交叉；高度不得超过车辆的防护栏板，并用三角木垫卡牢，防止滚动。运输时运输车辆应配备相应品种和数量的消防器材。装运该物品的车辆排气管必须配备阻火装置，禁止使用易产生火花的机械设备和工具装卸。严禁与酸类、碱类、醇类、食用化学品等混装混运。夏季应早晚运输，防止日光曝晒。中途停留时应远离火种、热源。公路运输时要按规定路线行驶，禁止在居民区和人口稠密区停留。铁路运输时要禁止溜放。

紧急处置信息

急救措施：

吸入：迅速脱离现场至空气新鲜处。保持呼吸道通畅。如呼吸困难，给输氧。呼吸、心跳停止，立即进行心肺复苏术。就医。

皮肤接触：如发生冻伤，用温水(38~42℃)复温，忌用热水或辐射热，不要揉搓。就医。

眼睛接触：立即分开眼睑，用流动清水或生理盐水彻底冲洗5~10min。就医。

灭火方法：

切断气源。若不能切断气源，则不允许熄灭泄漏处的火焰。消防人员必须佩戴空气呼吸器、穿全身防火防毒服，在上风向灭火。尽可能将容器从火场移至空旷处。喷水保持火场容器冷却，直至灭火结束。

灭火剂：用水、雾状水、抗溶性泡沫、干粉、二氧化碳灭火。

泄漏应急处置：

消除所有点火源。根据气体扩散的影响区域划定警戒区，无关人员从侧风、上风向撤离至安全区。建议应急处理人员戴正压自给式呼吸器，穿防静电服，戴橡胶手套。作业时使用的所有设备应接地。尽可能切断泄漏源。喷雾状水抑制蒸气或改变蒸气云流向，避免水流接触泄漏物。禁止用水直接冲击泄漏物或泄漏源。防止气体通过下水道、通风系统和有限空间扩散。隔离泄漏区直至气体散尽。

32. 甲苯

化学品标识信息

中文名称： 甲苯　　**别名：** 甲基苯

英文名称： toluene；methylbenzene

CAS 号： 108-88-3　　**UN 号：** 1294

主要用途： 用于掺和汽油组成及作为生产甲苯衍生物、炸药、染料中间体、药物等的主要原料。

理化特性

物理状态、外观： 无色透明液体，有类似苯的芳香气味。

爆炸下限[%(V/V)]： 1.1

爆炸上限[%(V/V)]： 7.1

熔点(℃)： -94.9

沸点(℃)： 110.6

相对密度(水=1)： 0.87

相对蒸气密度(空气=1)： 3.14

饱和蒸气压(kPa)： 3.8(25℃)

燃烧热(kJ/mol)： 3910.3

临界压力(MPa)： 4.11

辛醇/水分配系数： 2.73

闪点(℃)： 4(CC)；16(OC)

自燃温度(℃)： 480

临界温度(℃)： 318.6

黏度(mPa·s)： 0.56(25℃)

危险性概述

危险性说明：高度易燃液体和蒸气，造成皮肤刺激，怀疑对生育力或胎儿造成伤害，可能引起昏昏欲睡或眩晕，长时间或反复接触可能对器官造成损伤，吞咽及进入呼吸道可能致命，对水生生物有害并具有长期持续影响。

危险性类别：易燃液体，类别2；皮肤腐蚀/刺激，类别2；生殖毒性，类别2；特异性靶器官毒性–一次接触，类别3(麻醉效应)；特异性靶器官毒性–反复接触，类别2；吸入危害，类别1；危害水生环境–急性危害，类别2；危害水生环境–长期危害，类别3。

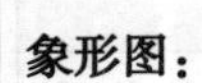
象形图：  

警示词：危险。

物理化学危险性：高度易燃，其蒸气与空气混合，能形成爆炸性混合物。

健康危害：

对皮肤、黏膜有刺激性，对中枢神经系统有麻醉作用。

急性中毒：短时间内吸入较高浓度本品表现为中枢神经系统麻醉作用，出现头晕、头痛、恶心、呕吐、胸闷、四肢无力、步态蹒跚、意识模糊。重症者可有躁动、抽搐、昏迷。呼吸道和眼结膜可有明显刺激症状。液体吸入肺内可引起肺炎、肺水肿和肺出血。可出现明显的心脏损害。液态本品吸入呼吸道可引起吸入性肺炎。

慢性影响：长期接触可发生神经衰弱综合征，肝肿大，女工月经异常等。皮肤干燥、皲裂、皮炎。

侵入途径：吸入、食入、经皮吸收。

职业接触限值：

中国：PC－TWA 50mg/m^3；PC－STEL 100mg/m^3［皮］。

美国(ACGIH)：TLV-TWA 50ppm［皮］。

包装与储运

联合国危险性类别：3

联合国次要危险性：

联合国包装类别：Ⅱ类

安全储运：

储存于阴凉、通风的库房。远离火种、热源。库温不宜超过37℃。保持容器密封。应与氧化剂分开存放，切忌混储。采用防爆型照明、通风设施。禁止使用易产生火花的机械设备和工具。储区应备有泄漏应急处理设备和合适的收容材料。

本品铁路运输时限使用钢制企业自备罐车装运，装运前需报有关部门批准。运输时运输车辆应配备相应品种和数量的消防器材及泄漏应急处理设备。夏季最好早晚运输。运输时所用的槽(罐)车应有接地链，槽内可设孔隔板以减少震荡产生静电。严禁与氧化剂、食用化学品等混装混运。运输途中应防曝晒、雨淋，防高温。中途停留时应远离火种、热源、高温区。装运该物品的车辆排气管必须配备阻火装置，禁止使用易产生火花的机械设备和工具装卸。公路运输时要按规定路线行驶，勿在居民区和人口稠密区停留。铁路运输时要禁止溜放。严禁用木船、水泥船散装运输。

紧急处置信息

急救措施：

吸入：迅速脱离现场至空气新鲜处。保持呼吸道通畅。如呼吸困难，给吸氧。如呼吸心跳停止，立即行心肺复苏术。就医。

皮肤接触：立即脱去污染衣着，用肥皂水或清水彻底冲洗。就医。

眼睛接触：分开眼睑，用清水或生理盐水冲洗。就医。

食入：漱口，饮水。禁止催吐。就医。

灭火方法：

消防人员必须佩戴空气呼吸器、穿全身防火防毒服，在上风向灭火。喷水冷却容器，可能的话将容器从火场移至空旷处。容器突然发出异常声音或出现异常现象，应立即撤离。

灭火剂：用泡沫、干粉、二氧化碳、砂土灭火。

泄漏应急处置：

消除所有点火源。根据液体流动和蒸气扩散的影响区域划定警戒区，无关人员从侧风、上风向撤离至安全区。建议应急处理人员戴正压自给式呼吸器，穿防毒、防静电服，戴橡胶耐油手套。作业时使用的所有设备应接地。禁止接触或跨越泄漏物。尽可能切断泄漏源。防止泄漏物进入水体、下水道、地下室或有限空间。

小量泄漏：用砂土或其他不燃材料吸收。使用洁净的无火花工具收集吸收材料。

大量泄漏：构筑围堤或挖坑收容。用砂土、惰性物质或蛭石吸收大量液体。用泡沫覆盖，减少蒸发。喷水雾能减少蒸发，但不能降低泄漏物在有限空间内的易燃性。用防爆泵转移至槽车或专用收集器内。

33. 甲苯二异氰酸酯

化学品标识信息

中文名称： 2，4-甲苯二异氰酸酯

别名： 2，4-二异氰酸甲苯酯；甲苯-2，4-二异氰酸酯

英文名称： toluene-2，4-diisocyanate；2，4-tolylene diisocyanate

CAS 号： 584-84-9　　**UN 号：** 2078

主要用途： 用于有机合成、生产泡沫塑料、涂料和用作化学试剂。

理化特性

物理状态： 无色到淡黄色透明液体。

爆炸上限[%(V/V)]： 9.5

爆炸下限[%(V/V)]： 0.9

熔点(℃)： 19.5~21.5

沸点(℃)： 251

相对蒸气密度(空气=1)： 6.0

相对密度(水=1)： 1.22

饱和蒸气压(kPa)： 1.33(118℃)

燃烧热(kJ/mol)： -4162.33

闪点(℃)： 121~132

辛醇/水分配系数： 0.21

危险性概述

危险性说明： 吸入致命，造成皮肤刺激，造成严重眼刺激，吸入可能导致过敏或哮喘症状或呼吸困难，可能

导致皮肤过敏反应，怀疑致癌，可能引起呼吸道刺激，对水生生物有害并具有长期持续影响。

危险性类别： 急性毒性-吸入，类别2；皮肤腐蚀/刺激，类别2；严重眼损伤/眼刺激，类别2；呼吸道致敏物，类别1；皮肤致敏物，类别1；致癌性，类别2；特异性靶器官毒性--一次接触，类别3(呼吸道刺激)；危害水生环境-急性危害，类别3；危害水生环境-长期危害，类别3。

象形图：  

警告词： 危险。

物理、化学危险性： 可燃，其蒸气与空气混合，能形成爆炸性混合物。

健康危害：

本品具有明显的刺激和致敏作用。高浓度接触直接损害呼吸道黏膜，发生喘息性支气管炎，表现有咽喉干燥、剧咳、胸痛、呼吸困难等。重者缺氧、紫绀、昏迷。可引起肺炎和肺水肿。蒸气或雾对眼有刺激性；液体溅入眼内，可能引起角膜损伤。液体对皮肤有刺激作用，引起皮炎。口服能引起消化道的刺激和腐蚀。

慢性影响：反复接触本品，能引起过敏性哮喘。长期低浓度接触，呼吸功能可受到影响。

侵入途径： 吸入。

职业接触限值：

中国：PC-TWA 0.1mg/m³；PC-STEL 0.2mg/m³[敏][G2B]。

美国(ACGIH)：TLV-TWA 0.005ppm；TLV-STEL 0.02ppm[敏]。

包装与储运

联合国危险性类别：6.1

联合国次要危险性：

联合国包装类别：Ⅱ类

安全储运：

储存于阴凉、干燥、通风良好的库房内。远离火种、热源。库温不超过35℃，相对湿度不超过85%。保持容器密封。应与氧化剂、酸类、碱类、醇类等分开存放，切忌混储。配备相应品种和数量的消防器材。储区应备有泄漏应急处理设备和合适的收容材料。

运输前应先检查包装容器是否完整、密封，运输过程中要确保容器不泄漏、不倒塌、不坠落、不损坏。严禁与酸类、氧化剂、食品及食品添加剂混运。运输时运输车辆应配备相应品种和数量的消防器材及泄漏应急处理设备。运输途中应防曝晒、雨淋，防高温。公路运输时要按规定路线行驶，勿在居民区和人口稠密区停留。

紧急处置信息

急救措施：

吸入：迅速脱离现场至空气新鲜处。保持呼吸道通畅。如呼吸困难，给输氧。呼吸、心跳停止，立即进行心肺复苏术。就医。

皮肤接触：立即脱去污染的衣着，用流动清水彻底冲洗。就医。

眼睛接触：立即分开眼睑，用流动清水或生理盐水彻底冲洗。就医。

食入：漱口，饮水。就医。

灭火方法：

消防人员须佩戴防毒面具、穿全身消防服，在上风向灭火。尽可能将容器从火场移至空旷处。喷水保持火场容器冷却，直至灭火结束。处在火场中的容器若已变色或从安全泄压装置中产生声音，必须马上撤离。禁止用水、泡沫和酸碱灭火剂灭火。

灭火剂：用干粉、二氧化碳、砂土灭火。

泄漏应急处置：

根据液体流动和蒸气扩散的影响区域划定警戒区，无关人员从侧风、上风向撤离至安全区。建议应急处理人员戴正压自给式呼吸器，穿防毒服。作业时使用的所有设备应接地。穿上适当的防护服前严禁接触破裂的容器和泄漏物。尽可能切断泄漏源。防止泄漏物进入水体、下水道、地下室或有限空间。严禁用水处理。

小量泄漏：用干燥的砂土或其他不燃材料覆盖泄漏物。

大量泄漏：构筑围堤或挖坑收容。用泵转移至槽车或专用收集器内。

34. 甲醇

化学品标识信息

中文名称： 甲醇　　**别名：** 木醇；木精

英文名称： methanol；methyl alcohol；wood spirits

CAS 号： 67-56-1　　**UN 号：** 1230

主要用途： 主要用于制甲醛、香精、染料、医药、火药、防冻剂、溶剂等。

理化特性

物理状态、外观： 无色透明液体，有刺激性气味。

爆炸下限[%(V/V)]： 6

爆炸上限[%(V/V)]： 36.5

熔点(℃)： -97.8

沸点(℃)： 64.7

相对密度(水=1)： 0.79

相对蒸气密度(空气=1)： 1.1

饱和蒸气压(kPa)： 12.3(20℃)

燃烧热(kJ/mol)： 723

临界压力(MPa)： 7.95

辛醇/水分配系数： -0.82~-0.77

闪点(℃)： 12(CC)；12.2(OC)

自燃温度(℃)： 464

临界温度(℃)： 240

黏度(mPa·s)： 0.544(25℃)

危险性概述

危险性说明： 高度易燃液体和蒸气，吞咽会中毒，皮肤接触会中毒，吸入会中毒，对器官造成损害。

危险性类别：易燃液体，类别 2；急性毒性－经口，类别 3；急性毒性－经皮，类别 3；急性毒性－吸入，类别 3；特异性靶器官毒性——次接触，类别 1。

象形图：

警示词：危险。

物理化学危险性：高度易燃，其蒸气与空气混合，能形成爆炸性混合物。

健康危害：

急性中毒：大多数为饮用掺有甲醇的酒或饮料所致口服中毒。短期内吸入高浓度甲醇蒸气或容器破裂泄漏经皮肤吸收大量甲醇溶液亦可引起急性或亚急性中毒。中枢神经系统损害轻者表现为头痛、眩晕、乏力、嗜睡和轻度意识等。重者出现昏迷和癫痫样抽搐。少数严重口服中毒者在急性期或恢复期可有锥体外系损害或帕金森综合征的表现。眼部最初表现为眼前黑影、飞雪感、闪光感、视物模糊、眼球疼痛、羞明、幻视等。重者视力急剧下降，甚至失明。视神经损害严重者可出现视神经萎缩。引起代谢性酸中毒。高浓度对眼和上呼吸道轻度刺激症状。口服中毒者恶心、呕吐和上腹部疼痛等胃肠道症状较明显，并发急性胰腺炎的比例较高，少数可伴有心、肝、肾损害。

慢性中毒：主要为神经系统症状，有头晕、无力、眩晕、震颤性麻痹及视神经损害。皮肤反复接触甲醇溶液，可引起局部脱脂和皮炎。

侵入途径：吸入、食入、经皮吸收。

职业接触限值：

中国：PC－TWA　25mg/m^3；PC－STEL　50mg/m^3［皮］。

美国（ACGIH）：TLV－TWA　200ppm；TLV－STEL　250ppm［皮］。

包装与储运

联合国危险性类别： 3

联合国次要危险性： 6.1

联合国包装类别： Ⅱ类

安全储运：

储存于阴凉、通风良好的专用库房内，远离火种、热源。库温不宜超过37℃，保持容器密封。应与氧化剂、酸类、碱金属等分开存放，切忌混储。采用防爆型照明、通风设施。禁止使用易产生火花的机械设备和工具。储区应备有泄漏应急处理设备和合适的收容材料。

本品铁路运输时限使用钢制企业自备罐车装运，装运前需报有关部门批准。运输时运输车辆应配备相应品种和数量的消防器材及泄漏应急处理设备。夏季最好早晚运输。运输时所用的槽（罐）车应有接地链，槽内可设孔隔板以减少震荡产生静电。严禁与氧化剂、酸类、碱金属、食用化学品等混装混运。运输途中应防曝晒、雨淋，防高温。中途停留时应远离火种、热源、高温区。装运该物品的车辆排气管必须配备阻火装置，禁止使用易产生火花的机械设备和工具装卸。公路运输时要按规定路线行驶，勿在居民区和人口稠密区停留。铁路运输时要禁止溜放。严禁用木船、水泥船散装运输。

紧急处置信息

急救措施：

吸入：迅速脱离现场至空气新鲜处。保持呼吸道通畅。如呼吸困难，给输氧。呼吸、心跳停止，立即进行心肺复苏术。就医。

皮肤接触：立即脱去污染的衣着，用流动清水彻底冲洗。就医。

眼睛接触：立即分开眼睑，用流动清水或生理盐水彻底冲洗。就医。

食入：饮适量温水，催吐(仅限于清醒者)。就医。

灭火方法：

消防人员须佩戴防毒面具、穿全身消防服，在上风向灭火。尽可能将容器从火场移至空旷处。喷水保持火场容器冷却，直至灭火结束。容器突然发出异常声音或出现异常现象，应立即撤离。

灭火剂：用抗溶性泡沫、干粉、二氧化碳、砂土灭火。

泄漏应急处置：

消除所有点火源。根据液体流动和蒸气扩散的影响区域划定警戒区，无关人员从侧风、上风向撤离至安全区。建议应急处理人员戴正压自给式呼吸器，穿防毒、防静电服，戴橡胶手套。作业时使用的所有设备应接地。禁止接触或跨越泄漏物。尽可能切断泄漏源。防止泄漏物进入水体、下水道、地下室或有限空间。

小量泄漏：用砂土或其他不燃材料吸收。使用洁净的无火花工具收集吸收材料。

大量泄漏：构筑围堤或挖坑收容。用抗溶性泡沫覆盖，减少蒸发。喷水雾能减少蒸发，但不能降低泄漏物在有限空间内的易燃性。用防爆泵转移至槽车或专用收集器内。喷雾状水驱散蒸气、稀释液体泄漏物。

35. 甲基肼

化学品标识信息

中文名称：甲基肼　　**别名：**甲基联氨；甲肼
英文名称：methylhydrazine；hydrazomethane
CAS 号：60-34-4　　**UN 号：**1244
主要用途：用作有机合成中间体、溶剂。

理化特性

物理状态：无色透明液体，有氨的气味。
爆炸上限[%(V/V)]：97±2
爆炸下限[%(V/V)]：2.5
熔点(℃)：-52.4
沸点(℃)：87.5
相对蒸气密度(空气=1)：1.6
相对密度(水=1)：0.874
饱和蒸气压(kPa)：4.8(20℃)
燃烧热(kJ/mol)：-1304.2
临界压力(MPa)：8.24
辛醇/水分配系数：-1.05
闪点(℃)：-8.3(CC)
自燃温度(℃)：194
临界温度(℃)：312
黏度(mPa·s)：0.775(25℃)

危险性概述

危险性说明：极易燃液体和蒸气，吞咽致命，皮肤接触会致命，吸入致命，造成皮肤刺激，造成严重眼刺激，怀疑对生育力或胎儿造成伤害，对器官造成损害，长时间或反复接触对器官造成损伤，对水生生物毒性非常大并具有长期持续影响。

危险性类别：易燃液体，类别1；急性毒性-经口，类别2；急性毒性-经皮，类别2；急性毒性-吸入，类别1；皮肤腐蚀/刺激，类别2；严重眼损伤/眼刺激，类别2A；生殖毒性，类别2；特异性靶器官毒性--次接触，类别1；特异性靶器官毒性-反复接触，类别1；危害水生环境-急性危害，类别1；危害水生环境-长期危害，类别1。

象形图：

警告词：危险。

物理、化学危险性：极易燃，其蒸气与空气混合，能形成爆炸性混合物。在空气中遇尘土、石棉、木材等疏松性物质能自燃。

健康危害：意外吸入甲基肼蒸气可出现流泪、喷嚏、咳嗽，以后可见眼充血、支气管痉挛、呼吸困难，继之恶心、呕吐。慢性吸入甲基肼可致轻度高铁血红蛋白形成，可引起溶血。

侵入途径：吸入、食入、经皮吸收。

职业接触限值：

中国：MAC　0.08mg/m^3[皮]。

美国(ACGIH)：TLV-TWA　0.01ppm[皮]。

包装与储运

联合国危险性类别：6.1

联合国次要危险性：3/8

联合国包装类别：Ⅰ类

安全储运：

储存于阴凉、通风良好的专用库房内，实行“双人收发、双人保管”制度。远离火种、热源。库温不宜超过37℃。包装要求密封，不可与空气接触。应与氧化剂、过氧化物、食用化学品分开存放，切忌混储。采用防爆型照明、通风设施。禁止使用易产生火花的机械设备和工具。储区应备有泄漏应急处理设备和合适的收容材料。

运输时运输车辆应配备相应品种和数量的消防器材及泄漏应急处理设备。夏季最好早晚运输。运输时所用的槽(罐)车应有接地链，槽内可设孔隔板以减少震荡产生静电。严禁与氧化剂、过氧化物、食用化学品等混装混运。运输途中应防曝晒、雨淋，防高温。中途停留时应远离火种、热源、高温区。装运该物品的车辆排气管必须配备阻火装置，禁止使用易产生火花的机械设备和工具装卸。公路运输时要按规定路线行驶，勿在居民区和人口稠密区停留。铁路运输时要禁止溜放。严禁用木船、水泥船散装运输。

紧急处置信息

急救措施：

吸入：迅速脱离现场至空气新鲜处。保持呼吸道通畅。如呼吸困难，给输氧。呼吸、心跳停止，立即进行心肺复苏术。就医。

皮肤接触：立即脱去污染的衣着，用流动清水彻底冲洗。就医。

眼睛接触：立即分开眼睑，用流动清水或生理盐水彻底冲洗。就医。

食入：饮适量温水，催吐(仅限于清醒者)。就医。

灭火方法：

消防人员必须佩戴空气呼吸器、穿全身防火防毒服，在上风向灭火。遇大火，消防人员须在有防护掩蔽处操作。容器突然发出异常声音或出现异常现象，应立即撤离。

灭火剂：用抗溶性泡沫、二氧化碳、干粉、砂土灭火。

泄漏应急处置：

消除所有点火源。根据液体流动和蒸气扩散的影响区域划定警戒区，无关人员从侧风、上风向撤离至安全区。建议应急处理人员戴正压自给式呼吸器，穿防静电、防腐蚀、防毒服，戴橡胶耐油手套。作业时使用的所有设备应接地。禁止接触或跨越泄漏物。尽可能切断泄漏源。防止泄漏物进入水体、下水道、地下室或有限空间。

小量泄漏：用砂土或其他不燃材料吸收。使用洁净的无火花工具收集吸收材料。

大量泄漏：构筑围堤或挖坑收容。用抗溶性泡沫覆盖，减少蒸发。喷水雾能减少蒸发，但不能降低泄漏物在有限空间内的易燃性。用防爆、耐腐蚀泵转移至槽车或专用收集器内。喷雾状水驱散蒸气、稀释液体泄漏物。

36. 甲基叔丁基醚

化学品标识信息

中文名称： 甲基叔丁基醚　　　　**别名：**

英文名称： methyl tert - butyl ether; tert - Butyl methyl ether

CAS 号： 1634-04-4　　　　**UN 号：** 2398

主要用途： 用作汽油添加剂。

理化特性

物理状态、外观： 无色液体，具有醚样气味。

爆炸下限[%(V/V)]： 1

爆炸上限[%(V/V)]： 8

熔点(℃)： -108.6

沸点(℃)： 55.2

相对密度(水=1)： 0.74

相对蒸气密度(空气=1)： 3.1

饱和蒸气压(kPa)： 27(20℃)

燃烧热(kJ/mol)： 3360.7

临界压力(MPa)： 3.4

辛醇/水分配系数： 0.94~1.24

闪点(℃)： -34~-28

自燃温度(℃)： 375

危险性概述

危险性说明： 高度易燃液体和蒸气，造成皮肤刺激。

危险性类别： 易燃液体，类别 2；皮肤腐蚀/刺激，类别 2。

象形图：

警示词：危险。

物理化学危险性：高度易燃，其蒸气与空气混合，能形成爆炸性混合物。

健康危害：本品对中枢神经系统有抑制作用和麻醉作用，对眼和呼吸道有轻度刺激性。曾有报道用其作为溶石剂治疗胆石症，患者出现意识浑浊、嗜睡、昏迷和无尿等。

侵入途径：吸入、食入、经皮吸收。

职业接触限值：

中国：未制定标准。

美国(ACGIH)：TLV-TWA　50ppm。

包装与储运

联合国危险性类别：3

联合国次要危险性：

联合国包装类别：Ⅱ类

安全储运：

储存于阴凉、通风的库房。远离火种、热源。库温不宜超过37℃。保持容器密封。应与氧化剂分开存放，切忌混储。采用防爆型照明、通风设施。禁止使用易产生火花的机械设备和工具。储区应备有泄漏应急处理设备和合适的收容材料。

运输时运输车辆应配备相应品种和数量的消防器材及泄漏应急处理设备。夏季最好早晚运输。运输时所用的槽(罐)车应有接地链，槽内可设孔隔板以减少震荡产生静电。严禁与氧化剂、食用化学品等混装混运。运输途中应防曝晒、雨淋，防高温。中途停留时应远离火种、热源、高温区。装运该物品的车辆排气管必须配备阻火装置，禁止使用易产生火花的机械设备和工具装卸。公路运输时要按规定路线行驶，勿在居民区和人口稠密区停留。铁路运输时要禁止溜放。严禁用木船、水泥船散装运输。

紧急处置信息

急救措施：

吸入：迅速脱离现场至空气新鲜处。保持呼吸道通畅。如呼吸困难，给输氧。呼吸、心跳停止，立即进行心肺复苏术。就医。

皮肤接触：立即脱去污染的衣着，用流动清水彻底冲洗。就医。

眼睛接触：立即分开眼睑，用流动清水或生理盐水彻底冲洗。就医。

食入：漱口，饮水。就医。

灭火方法：

消防人员须佩戴防毒面具、穿全身消防服，在上风向灭火。尽可能将容器从火场移至空旷处。喷水保持火场容器冷却，直至灭火结束。容器突然发出异常声音或出现异常现象，应立即撤离。用水灭火无效。

灭火剂：用泡沫、干粉、二氧化碳、砂土灭火。

泄漏应急处置：

消除所有点火源。根据液体流动和蒸气扩散的影响区域划定警戒区，无关人员从侧风、上风向撤离至安全区。建议应急处理人员戴正压自给式呼吸器，穿防静电服，戴橡胶耐油手套。作业时使用的所有设备应接地。禁止接触或跨越泄漏物。尽可能切断泄漏源。防止泄漏物进入水体、下水道、地下室或有限空间。

小量泄漏：用砂土或其他不燃材料吸收。使用洁净的无火花工具收集吸收材料。

大量泄漏：构筑围堤或挖坑收容。用泡沫覆盖，减少蒸发。喷水雾能减少蒸发，但不能降低泄漏物在有限空间内的易燃性。用防爆泵转移至槽车或专用收集器内。

37. 甲醚

化学品标识信息

中文名称： 甲醚　　　**别名：** 二甲醚

英文名称： methyl ether；dimethyl ether

CAS 号： 115-10-6　　　**UN 号：** 1033

主要用途： 用作制冷剂、溶剂、萃取剂、聚合物的催化剂和稳定剂。

理化特性

物理状态： 无色气体，有醚类特有的气味。

爆炸上限： 27

爆炸下限： 3.4

熔点： -141.5

沸点： -24.8

相对蒸气密度(空气=1)： 1.6

相对密度(水=1)： 0.61

饱和蒸气压： 533.2(20℃)

燃烧热： 1453

临界压力(MPa)： 5.33

辛醇/水分配系数： 0.10

闪点(℃)： -41(CC)

自燃温度(℃)： 350

临界温度(℃)： 127

危险性概述

危险性说明： 极易燃气体，内装加压气体；遇热可能爆炸。

危险性类别：易燃气体，类别 1；加压气体，加压气体。

象形图：

警告词：危险。

物理、化学危险性：极易燃，与空气混合能形成爆炸性混合物。

健康危害：对中枢神经系统有抑制作用，麻醉作用弱。吸入后可引起麻醉、窒息感。对皮肤有刺激性，引起发红、水肿、起疱，长期反复接触，可使皮肤敏感性增加。皮肤直接与液态本品接触，可引起冻伤。

侵入途径：吸入。

职业接触限值：

中国：未制定标准。

美国(ACGIH)：未制定标准。

包装与储运

联合国危险性类别：2.1

联合国次要危险性：

联合国包装类别：—

安全储运：

储存于阴凉、通风的易燃气体专用库房。远离火种、热源。库温不宜超过 30℃。应与氧化剂、酸类、卤素分开存放，切忌混储。采用防爆型照明、通风设施。禁止使用易产生火花的机械设备和工具。储区应备有泄漏应急处理设备。

采用钢瓶运输时必须戴好钢瓶上的安全帽。钢瓶一般平放，并应将瓶口朝同一方向，不可交叉；高度不得超过车辆的防护栏板，并用三角木垫卡牢，防止滚

动。运输时运输车辆应配备相应品种和数量的消防器材。装运该物品的车辆排气管必须配备阻火装置，禁止使用易产生火花的机械设备和工具装卸。严禁与氧化剂、酸类、卤素、食用化学品等混装混运。夏季应早晚运输，防止日光曝晒。中途停留时应远离火种、热源。公路运输时要按规定路线行驶，禁止在居民区和人口稠密区停留。铁路运输时要禁止溜放。

紧急处置信息

急救措施：

吸入：迅速脱离现场至空气新鲜处。保持呼吸道通畅。如呼吸困难，给输氧。呼吸、心跳停止，立即进行心肺复苏术。就医。

皮肤接触：如发生冻伤，用温水(38~42℃)复温，忌用热水或辐射热，不要揉搓。就医。

灭火方法：

切断气源。若不能切断气源，则不允许熄灭泄漏处的火焰。消防人员必须佩戴空气呼吸器、穿全身防火防毒服，在上风向灭火。尽可能将容器从火场移至空旷处。喷水保持火场容器冷却，直至灭火结束。

灭火剂：用雾状水、抗溶性泡沫、干粉、二氧化碳、砂土灭火。

泄漏应急处置：

消除所有点火源。根据气体扩散的影响区域划定警戒区，无关人员从侧风、上风向撤离至安全区。建议应急处理人员戴正压自给式呼吸器，穿防静电服。作业时使用的所有设备应接地。尽可能切断泄漏源。喷雾状水抑制蒸气或改变蒸气云流向，避免水流接触泄漏物。禁止用水直接冲击泄漏物或泄漏源。防止气体通过下水道、通风系统和有限空间扩散。隔离泄漏区直至气体散尽。

38. 甲烷

化学品标识信息

中文名称：甲烷　　　　**别名：**沼气

英文名称：methane；marsh gas

CAS 号：74-82-8

UN 号：1971(压缩)；1972(液化)

主要用途：用作燃料和用于炭黑、氢、乙炔、甲醛等的制造。

理化特性

物理状态、外观：无色无味气体。

爆炸下限[%(V/V)]：5

爆炸上限[%(V/V)]：15

熔点(℃)：-182.6

沸点(℃)：-161.4

相对密度(水=1)：0.42(-164℃)

相对蒸气密度(空气=1)：0.6

饱和蒸气压(kPa)：53.32(-168.8℃)

燃烧热(kJ/mol)：-890.8

临界压力(MPa)：4.59

辛醇/水分配系数：1.09

闪点(℃)：-218

自燃温度(℃)：537

临界温度(℃)：-82.25

危险性概述

危险性说明：极易燃气体，内装加压气体：遇热可能爆炸。

危险性类别：易燃气体，类别 1；加压气体。

象形图： 

警示词：危险。

物理化学危险性：极易燃，与空气混合能形成爆炸性混合物。

健康危害：空气中甲烷浓度过高，能使人窒息。当空气中甲烷达 25%～30%时，可引起头痛、头晕、乏力、注意力不集中、呼吸和心跳加速、共济失调。若不及时脱离，可致窒息死亡。皮肤接触液化气体可致冻伤。

侵入途径：吸入。

职业接触限值：

中国：未制定标准。

美国(ACGIH)：未制定标准。

包装与储运

联合国危险性类别：2.1

联合国次要危险性：

联合国包装类别：—

安全储运：

钢瓶装本品储存于阴凉、通风的易燃气体专用库房。远离火种、热源。库温不宜超过 30℃。应与氧化剂等分开存放，切忌混储。采用防爆型照明、通风设施。禁止使用易产生火花的机械设备和工具。储区应备有泄漏应急处理设备。

采用钢瓶运输时必须戴好钢瓶上的安全帽。钢瓶一般平放，并应将瓶口朝同一方向，不可交叉；高度不得超过车辆的防护栏板，并用三角木垫卡牢，防止滚动。运输时运输车辆应配备相应品种和数量的消防器材。装运该物品的车辆排气管必须配备阻火装置，禁止使用易产生火花的机械设备和工具装卸。严禁与氧化剂等混装混运。夏季应早晚运输，防止日光曝晒。中途停留时应远离火种、热源。公路运输时要按规定路线行驶，勿在居民区和人口稠密区停留。铁路运输时要禁止溜放。

紧急处置信息

急救措施：

吸入：迅速脱离现场至空气新鲜处。保持呼吸道通畅。如呼吸困难，给输氧。呼吸、心跳停止，立即进行心肺复苏术。就医。

皮肤接触：如发生冻伤，用温水（38~42℃）复温，忌用热水或辐射热，不要揉搓。就医。

灭火方法：

切断气源。若不能切断气源，则不允许熄灭泄漏处的火焰。消防人员必须佩戴空气呼吸器、穿全身防火防毒服，在上风向灭火。尽可能将容器从火场移至空旷处。喷水保持火场容器冷却，直至灭火结束。

灭火剂：用雾状水、泡沫、二氧化碳、干粉灭火。

泄漏应急处置：

消除所有点火源。根据气体扩散的影响区域划定警戒区，无关人员从侧风、上风向撤离至安全区。建议应急处理人员戴正压自给式呼吸器，穿防静电服。作业时使用的所有设备应接地。尽可能切断泄漏源。若可能翻转容器，使之逸出气体而非液体。喷雾状水抑制蒸气或改变蒸气云流向，避免水流接触泄漏物。禁止用水直接冲击泄漏物或泄漏源。

防止气体通过下水道、通风系统和有限空间扩散。隔离泄漏区直至气体散尽。

39. 糠醛

化学品标识信息

中文名称：糠醛　　**别名：**呋喃甲醛

英文名称：furfural；2-furaldehyde

CAS 号：98-01-1　　**UN 号：**1199

主要用途：用作溶剂，及作为合成香料、糠醇、四氢呋喃的中间体。

理化特性

物理状态、外观：无色至黄色油状液体，有杏仁样的气味。

爆炸下限[%(V/V)]：2.1

爆炸上限[%(V/V)]：19.3

熔点(℃)：-36.5

沸点(℃)：161.8

相对密度(水=1)：1.16

相对蒸气密度(空气=1)：3.31

饱和蒸气压(kPa)：0.27(20℃)

燃烧热(kJ/mol)：2338.7

临界压力(MPa)：5.5

辛醇/水分配系数：0.41~0.69

闪点(℃)：60(CC)

自燃温度(℃)：315

黏度(mPa·s)：1.58(25℃)

危险性概述

危险性说明： 易燃液体和蒸气，吞咽会中毒，皮肤接触有害，吸入会中毒，造成皮肤刺激，造成严重眼刺激，可能引起呼吸道刺激，对水生生物有害。

危险性类别： 易燃液体，类别3；急性毒性-经口，类别3；急性毒性-经皮，类别4；急性毒性-吸入，类别3；皮肤腐蚀/刺激，类别2；严重眼损伤/眼刺激，类别2；特异性靶器官毒性-一次接触，类别3（呼吸道刺激）；危害水生环境-急性危害，类别3。

象形图： 

警示词： 危险。

物理化学危险性： 易燃，其蒸气与空气混合，能形成爆炸性混合物。

健康危害：

蒸气有强烈的刺激性，并有麻醉作用。动物吸入、经口或经皮肤吸收均可引起急性中毒，表现有呼吸道刺激、肺水肿、肝损害、中枢神经系统损害、呼吸中枢麻痹，以致死亡。兔眼高浓度接触本品时可引起角膜、结膜和眼睑损害，但能迅速痊愈。

工人接触 7.4～52.7mg/m^3 糠醛 3 个月，出现黏膜刺激症状、头痛、舌麻木、呼吸困难。长期接触还可出现手、足皮肤色素沉着，皮炎，湿疹及慢性鼻炎等。

侵入途径： 吸入、食入、经皮吸收。

职业接触限值：

中国：PC-TWA　5mg/m^3［皮］。

美国（ACGIH）：TLV-TWA　2ppm［皮］。

包装与储运

联合国危险性类别： 6.1
联合国次要危险性： 3
联合国包装类别： Ⅱ类
安全储运：

储存于阴凉、通风的库房。库温不宜超过37℃。远离火种、热源。避光保存。包装要求密封，不可与空气接触。应与氧化剂、碱类、食用化学品分开存放，切忌混储。不宜大量储存或久存。采用防爆型照明、通风设施。禁止使用易产生火花的机械设备和工具。储区应备有泄漏应急处理设备和合适的收容材料。

运输时运输车辆应配备相应品种和数量的消防器材及泄漏应急处理设备。夏季最好早晚运输。运输时所用的槽(罐)车应有接地链，槽内可设孔隔板以减少震荡产生静电。严禁与氧化剂、碱类、食用化学品等混装混运。运输途中应防曝晒、雨淋，防高温。中途停留时应远离火种、热源、高温区。装运该物品的车辆排气管必须配备阻火装置，禁止使用易产生火花的机械设备和工具装卸。公路运输时要按规定路线行驶，勿在居民区和人口稠密区停留。铁路运输时要禁止溜放。严禁用木船、水泥船散装运输。

紧急处置信息

急救措施：

吸入：迅速脱离现场至空气新鲜处。保持呼吸道通畅。如呼吸困难，给输氧。呼吸、心跳停止，立即进行心肺复苏术。就医。

皮肤接触：立即脱去污染的衣着，用流动清水彻底冲洗。就医。

眼睛接触：立即分开眼睑，用流动清水或生理盐水彻底冲洗。就医。

食入：漱口，饮水。就医。

灭火方法：

消防人员必须佩戴空气呼吸器、穿全身防火防毒服，在上风向灭火。尽可能将容器从火场移至空旷处。喷水保持火场容器冷却，直至灭火结束。容器突然发出异常声音或出现异常现象，应立即撤离。

灭火剂：用雾状水、泡沫、干粉、二氧化碳、砂土灭火。

泄漏应急处置：

消除所有点火源。根据液体流动和蒸气扩散的影响区域划定警戒区，无关人员从侧风、上风向撤离至安全区。建议应急处理人员戴正压自给式呼吸器，穿防静电、防腐蚀、防毒服，戴橡胶耐油手套。作业时使用的所有设备应接地。禁止接触或跨越泄漏物。尽可能切断泄漏源。防止泄漏物进入水体、下水道、地下室或有限空间。

小量泄漏：用砂土或其他不燃材料吸收。使用洁净的无火花工具收集吸收材料。

大量泄漏：构筑围堤或挖坑收容。用砂土、惰性物质或蛭石吸收大量液体。用硫酸氢钠（$NaHSO_4$）中和。用泡沫覆盖，减少蒸发。喷水雾能减少蒸发，但不能降低泄漏物在有限空间内的易燃性。用防爆、耐腐蚀泵转移至槽车或专用收集器内。喷雾状水驱散蒸气、稀释液体泄漏物。

40. 磷化氢

化学品标识信息

中文名称： 磷化氢　　**别名：** 磷化三氢；膦

英文名称： hydrogen phosphide；phosphine

CAS 号： 7803-51-2　　**UN 号：** 2199

主要用途： 用于缩合催化剂，聚合引发剂及制备磷的有机化合物等。

理化特性

物理状态： 无色，有类似大蒜气味的气体。

爆炸上限[%(V/V)]： 98

爆炸下限[%(V/V)]： 1.8

熔点(℃)： -133

沸点(℃)： -87.7

相对蒸气密度(空气=1)： 1.17

相对密度(水=1)： 0.8

饱和蒸气压(kPa)： 53.32(-98.3℃)

临界压力(MPa)： 6.58

辛醇/水分配系数： -0.27

闪点(℃)： -88

自燃温度(℃)： 100~150

临界温度(℃)： 52

危险性概述

危险性说明： 极易燃气体，内装加压气体；遇热可能爆炸，吸入致命，造成严重的皮肤灼伤和眼损伤，对水生生物毒性非常大。

危险性类别： 易燃气体，类别 1；加压气体；急性毒性-吸入，类别 2；皮肤腐蚀/刺激，类别 1B；严重眼损伤/眼刺激，类别 1；危害水生环境-急性危害，类别 1。

象形图： 

警告词： 危险。

物理、化学危险性： 极易燃。接触空气易自燃。

健康危害：

磷化氢主要损害神经系统、呼吸系统、心脏、肾脏及肝脏。10mg/m^3 接触 6h，有中毒症状；409～846mg/m^3 时，30min 至 1h 发生死亡。

急性轻度中毒，病人有头痛、乏力、恶心、失眠、口渴、鼻咽发干、胸闷、咳嗽和低热等；中度中毒，病人出现轻度意识障碍、呼吸困难、心肌损伤；重度中毒则出现昏迷、抽搐、肺水肿及明显的心肌、肝脏及肾脏损害。眼和皮肤接触引起灼伤。

侵入途径： 吸入。

职业接触限值：

中国：MAC　0.3mg/m^3。

美国（ACGIH）：TLV－TWA　0.3ppm；TLV－STEL 1ppm。

包装与储运

联合国危险性类别： 2.3

联合国次要危险性： 2.1

联合国包装类别： —

安全储运：

储存于阴凉、通风的有毒气体专用库房。实行“双人收发、双人保管”制度。远离火种、热源。库温不宜超过30℃。应与氧化剂、食用化学品分开存放，切忌混储。采用防爆型照明、通风设施。禁止使用易产生火花的机械设备和工具。储区应备有泄漏应急处理设备。

采用钢瓶运输时必须戴好钢瓶上的安全帽。钢瓶一般平放，并应将瓶口朝同一方向，不可交叉；高度不得超过车辆的防护栏板，并用三角木垫卡牢，防止滚动。运输时运输车辆应配备相应品种和数量的消防器材。装运该物品的车辆排气管必须配备阻火装置，禁止使用易产生火花的机械设备和工具装卸。严禁与氧化剂、食用化学品等混装混运。夏季应早晚运输，防止日光曝晒。中途停留时应远离火种、热源。公路运输时要按规定路线行驶，禁止在居民区和人口稠密区停留。铁路运输时要禁止溜放。

紧急处置信息

急救措施：

吸入：迅速脱离现场至空气新鲜处。保持呼吸道通畅。如呼吸困难，给输氧。呼吸、心跳停止，立即进行心肺复苏术。就医。

皮肤接触：立即脱去污染的衣着，用大量流动清水彻底冲洗至少15min。就医。

眼睛接触：立即分开眼睑，用流动清水或生理盐水彻底冲洗5~10min。就医。

灭火方法：

切断气源。若不能切断气源，则不允许熄灭泄漏处的火焰。消防人员必须佩戴空气呼吸器、穿全身防火防毒服，在上风向灭火。尽可能将容器从火场移至空旷处。喷水保持火场容器冷却，直至灭火结束。

灭火剂：用雾状水、泡沫、干粉、二氧化碳灭火。

泄漏应急处置：

消除所有点火源。根据气体扩散的影响区域划定警戒区，无关人员从侧风、上风向撤离至安全区。建议应急处理人员穿内置正压自给式呼吸器的全封闭防化服。如果是液化气体泄漏，还应注意防冻伤。作业时使用的所有设备应接地。尽可能切断泄漏源。喷雾状水抑制蒸气或改变蒸气云流向，避免水流接触泄漏物。禁止用水直接冲击泄漏物或泄漏源。若可能翻转容器，使之逸出气体而非液体。防止气体通过下水道、通风系统和有限空间扩散。隔离泄漏区直至气体散尽。

41. 硫化氢

化学品标识信息

中文名称：硫化氢 **别名：**

英文名称：hydrogen sulfide；sulfur hydride

CAS 号：7783-06-4 **UN 号：**1053

主要用途：用于制造无机硫化物，还用于化学分析如鉴定金属离子。

理化特性

物理状态、外观：无色、有恶臭味的气体。

爆炸下限[%(V/V)]：4.3

爆炸上限[%(V/V)]：46.0

熔点(℃)：-85.5

沸点(℃)：-60.3

相对密度(水=1)：1.54

相对蒸气密度(空气=1)：1.19

饱和蒸气压(kPa)：2026.5(25.5℃)

pH 值：4.5(1%水溶液)

临界温度(℃)：100.4

临界压力(MPa)：9.01

辛醇/水分配系数：0.23

自燃温度(℃)：260

黏度(mPa·s)：0.0128(25℃，101.3kPa)

危险性概述

危险性说明：极易燃气体，内装加压气体；遇热可能爆炸，吸入致命，对水生生物毒性非常大。

危险性类别：易燃气体，类别1；加压气体；急性毒性-吸入，类别2；危害水生环境-急性危害，类别1。

象形图：  

警示词：危险。

物理化学危险性：极易燃，与空气混合能形成爆炸性混合物。

健康危害：

本品是强烈的神经毒物，对黏膜有强烈刺激作用。

急性中毒：接触反应表现为接触后出现眼刺痛、羞明、流泪、结膜充血、咽部灼热感、咳嗽等眼和上呼吸道刺激表现，或有头痛、头晕、乏力、恶心等神经系统症状，脱离接触后在短时间内消失。具有下列情况之一者为急性轻度中毒：出现明显的头痛、头晕、乏力等症状，并出现轻度至中度意识障碍；出现急性气管-支气管炎或支气管周围炎。

具有下列情况之一者为中度中毒：意识障碍表现为浅至中度昏迷；出现急性支气管肺炎。

具有下列情况之一者为重度中毒：意识障碍程度达深昏迷或呈植物状态；肺水肿；多脏器衰竭；猝死。高浓度（1000mg/m^3 以上）接触硫化氢时可在数秒钟内突然昏迷，呼吸和心搏骤停，发生闪电型死亡。严重中毒可留有神经、精神后遗症。

慢性影响：长期接触低浓度的硫化氢，可引起神经衰弱综合征和植物神经功能紊乱等。

侵入途径：吸入。

职业接触限值：

中国：MAC　10mg/m^3。

美国（ACGIH）：TLV-TWA　1ppm；TLV-STEL　5ppm。

包装与储运

联合国危险性类别：2.3
联合国次要危险性：2.1
联合国包装类别：Ⅱ类
安全储运：

储存于阴凉、通风的易燃气体专用库房。远离火种、热源。库温不宜超过30℃。保持容器密封。应与氧化剂、碱类分开存放，切忌混储。采用防爆型照明、通风设施。禁止使用易产生火花的机械设备和工具。储区应备有泄漏应急处理设备。

采用钢瓶运输时必须戴好钢瓶上的安全帽。钢瓶一般平放，并应将瓶口朝同一方向，不可交叉；高度不得超过车辆的防护栏板，并用三角木垫卡牢，防止滚动。运输时运输车辆应配备相应品种和数量的消防器材。装运该物品的车辆排气管必须配备阻火装置，禁止使用易产生火花的机械设备和工具装卸。严禁与氧化剂、碱类、食用化学品等混装混运。夏季应早晚运输，防止日光曝晒。中途停留时应远离火种、热源。公路运输时要按规定路线行驶，禁止在居民区和人口稠密区停留。铁路运输时要禁止溜放。

紧急处置信息

急救措施：

吸入：迅速脱离现场至空气新鲜处。保持呼吸道通畅。如呼吸困难，给输氧。呼吸、心跳停止，立即进行心肺复苏术(避免口对口人工呼吸)。就医。

皮肤接触：立即脱去污染的衣着，用流动清水彻底冲洗。就医。

眼睛接触：立即分开眼睑，用流动清水或生理盐水彻底冲洗 5~10min。就医。

灭火方法：

切断气源。若不能切断气源，则不允许熄灭泄漏处的火焰。消防人员必须佩戴空气呼吸器、穿全身防火防毒服，在上风向灭火。尽可能将容器从火场移至空旷处。喷水保持火场容器冷却，直至灭火结束。

灭火剂：用雾状水、抗溶性泡沫、干粉灭火。

泄漏应急处置：

消除所有点火源。根据气体扩散的影响区域划定警戒区，无关人员从侧风、上风向撤离至安全区。建议应急处理人员戴正压自给式呼吸器，穿内置正压自给式呼吸器的全封闭防化服，戴防化学品手套。如果是液化气体泄漏，还应注意防冻伤。作业时使用的所有设备应接地。尽可能切断泄漏源。若可能翻转容器，使之逸出气体而非液体。喷雾状水抑制蒸气或改变蒸气云流向，避免水流接触泄漏物。禁止用水直接冲击泄漏物或泄漏源。防止气体通过下水道、通风系统和有限空间扩散。隔离泄漏区直至气体散尽。可考虑引燃漏出气，以消除有毒气体的影响。

42. 硫酸

化学品标识信息

中文名称： 硫酸　　**别名：** 镪水；浬水

英文名称： sulfuric acid

CAS 号： 7664-93-9

UN 号： 1830(>51%)；2796(≤51%)

主要用途： 用于生产化学肥料，在化工、医药、塑料、染料、石油提炼等工业也有广泛的应用。

理化特性

物理状态、外观： 纯品为无色透明油状液体，无臭。

熔点(℃)： 10~10.49

沸点(℃)： 290

相对密度(水=1)： 1.84

相对蒸气密度(空气=1)： 3.4

饱和蒸气压(kPa)： 0.13(145.8℃)

临界压力(MPa)： 6.4

辛醇/水分配系数： -2.2

黏度(mPa·s)： 21(25℃)

危险性概述

危险性说明： 造成严重的皮肤灼伤和眼损伤，对水生生物有害。

危险性类别： 皮肤腐蚀/刺激，类别 1A；严重眼损伤/眼刺激，类别 1；危害水生环境-急性危害，类别 3。

象形图： 

警示词：危险。

物理化学危险性：不燃，无特殊燃爆特性。浓硫酸与可燃物接触易着火燃烧。

健康危害：

对皮肤、黏膜等组织有强烈的刺激和腐蚀作用。蒸气或雾可引起结膜炎、结膜水肿、角膜混浊，以致失明；引起呼吸道刺激，重者发生呼吸困难和肺水肿；高浓度引起喉痉挛或声门水肿而窒息死亡。口服后引起消化道灼伤以致溃疡形成；严重者可能有胃穿孔、腹膜炎、肾损害、休克等。皮肤灼伤轻者出现红斑、重者形成溃疡，愈后瘢痕收缩影响功能。溅入眼内可造成灼伤，甚至角膜穿孔、全眼炎以至失明。

慢性影响：牙齿酸蚀症、慢性支气管炎、肺气肿和肺硬化。

侵入途径：吸入、食入。

职业接触限值：

中国：PC-TWA　1mg/m^3[G1]。

美国(ACGIH)：TLV-TWA　0.2mg/m^3。

包装与储运

联合国危险性类别：8

联合国次要危险性：

联合国包装类别：Ⅱ类

安全储运：

储存于阴凉、通风的库房。保持容器密封。应与易(可)燃物、还原剂、碱类、碱金属、食用化学品分开存放，切忌混储。储区应备有泄漏应急处理设备和合适的收容材料。

本品铁路运输时限使用钢制企业自备罐车装运，装运前需报有关部门批准。铁路非罐装运输时应严格按照铁道部《危险货物运输规则》中的危险货物配装表进行配装。起运时包装要完整，装载应稳妥。运输过程中要确保容器不泄漏、不倒塌、不坠落、不损坏。严禁与易燃物或可燃物、还原剂、碱类、碱金属、食用化学品等混装混运。运输时运输车辆应配备泄漏应急处理设备。运输途中应防曝晒、雨淋，防高温。公路运输时要按规定路线行驶，勿在居民区和人口稠密区停留。本品属第三类易制毒化学品，托运时，须持有运出地县级人民政府发给的备案证明。

紧急处置信息

急救措施：

吸入：迅速脱离现场至空气新鲜处。保持呼吸道通畅。如呼吸困难，给输氧。呼吸、心跳停止，立即进行心肺复苏术。就医。

皮肤接触：立即脱去污染的衣着，用大量流动清水彻底冲洗至少15min。就医。

眼睛接触：立即分开眼睑，用流动清水或生理盐水彻底冲洗5~10min。就医。

食入：用水漱口，禁止催吐。给饮牛奶或蛋清。就医。

灭火方法：

消防人员必须穿全身耐酸碱消防服、佩戴空气呼吸器灭火。尽可能将容器从火场移至空旷处。喷水保持火场容器冷却，直至灭火结束。避免水流冲击物品，以免遇水会放出大量热量发生喷溅而灼伤皮肤。

灭火剂：本品不燃。根据着火原因选择适当灭火剂灭火。

泄漏应急处置：

根据液体流动和蒸气扩散的影响区域划定警戒区，无关人员从侧风、上风向撤离至安全区。建议应急处理人员戴正压自给式呼吸器，穿防酸碱服，戴橡胶耐酸碱手套。穿上适当的防护服前严禁接触破裂的容器和泄漏物。尽可能切断泄漏源。勿使泄漏物与可燃物质（如木材、纸、油等）接触。防止泄漏物进入水体、下水道、地下室或有限空间。

小量泄漏：用干燥的砂土或其他不燃材料覆盖泄漏物，用洁净的无火花工具收集泄漏物，置于一盖子较松的塑料容器中，待处置。

大量泄漏：构筑围堤或挖坑收容。用砂土、惰性物质或蛭石吸收大量液体。用石灰（CaO）、碎石灰石（$CaCO_3$）或碳酸氢钠（$NaHCO_3$）中和。用耐腐蚀泵转移至槽车或专用收集器内。

43. 硫酸二甲酯

化学品标识信息

中文名称：硫酸甲酯　**别名：**硫酸二甲酯
英文名称：methyl sulfate；dimethyl sulfate
CAS 号：77-78-1　**UN 号：**1595
主要用途：用于制造染料及作为胺类和醇类的甲基化剂。

理化特性

物理状态：无色或浅黄色透明液体，微带洋葱臭味。
爆炸上限[%(V/V)]：23.3
爆炸下限[%(V/V)]：3.6
熔点(℃)：-31.8
沸点(℃)：188(分解)
相对蒸气密度(空气=1)：4.35
相对密度(水=1)：1.33(20℃)
饱和蒸气压(kPa)：2.00(76℃)
临界压力(MPa)：7.01
辛醇/水分配系数：0.16
闪点(℃)：83(O.C)；83.3(CC)
自燃温度(℃)：188
pH 值：<7(1%溶液)

危险性概述

危险性说明：吞咽会中毒，吸入致命，造成严重的皮肤灼伤和眼损伤，可能导致皮肤过敏反应，怀疑可造成遗传性缺陷，可能致癌，可能引起呼吸道刺激，对水生生物有毒。

危险性类别： 急性毒性-经口，类别 3；急性毒性-吸入，类别 2；皮肤腐蚀/刺激，类别 1B；严重眼损伤/眼刺激，类别 1；皮肤致敏物，类别 1；生殖细胞致突变性，类别 2；致癌性，类别 1B；特异性靶器官毒性--一次接触，类别 3(呼吸道刺激)；危害水生环境-急性危害，类别 2。

象形图：  

警示词： 危险。

物理化学危险性： 可燃

健康危害：

本品对黏膜和皮肤有强烈的刺激作用。

急性中毒：短期内大量吸入，初始仅有眼和上呼吸道刺激症状。经数小时至 24h，刺激症状加重，可有畏光、流泪、结膜充血、眼睑水肿或痉挛、咳嗽、胸闷、气急、紫绀；可发生喉头水肿或支气管黏膜脱落致窒息，肺水肿，成人呼吸窘迫征；并可并发皮下气肿、气胸、纵隔气肿。误服灼伤消化道；可致眼、皮肤灼伤。

慢性影响：长期接触低浓度，可有眼和上呼吸道刺激。对皮肤有致敏性。

侵入途径： 吸入、食入、经皮吸收。

职业接触限值：

中国：PC-TWA　0.5mg/m^3[皮][G2A]。

美国(ACGIH)：TLV-TWA　0.1ppm[皮]。

包装与储运

联合国危险性类别： 6.1

联合国次要危险性： 8

联合国包装类别： Ⅰ类

安全储运：

储存于阴凉、干燥、通风良好的专用库房内。远离火种、热源。库温不超过32℃，相对湿度不超过80%。保持容器密封。应与氧化剂、碱类、食用化学品分开存放，切忌混储。配备相应品种和数量的消防器材。储区应备有泄漏应急处理设备和合适的收容材料。

运输前应先检查包装容器是否完整、密封，运输过程中要确保容器不泄漏、不倒塌、不坠落、不损坏。严禁与酸类、氧化剂、食品及食品添加剂混运。运输时运输车辆应配备相应品种和数量的消防器材及泄漏应急处理设备。运输途中应防曝晒、雨淋，防高温。公路运输时要按规定路线行驶，勿在居民区和人口稠密区停留。

紧急处置信息

急救措施：

吸入：迅速脱离现场至空气新鲜处。保持呼吸道通畅。如呼吸困难，给输氧。呼吸、心跳停止，立即进行心肺复苏术。就医。

皮肤接触：立即脱去污染的衣着，用大量流动清水彻底冲洗至少15min。就医。

眼睛接触：立即分开眼睑，用流动清水或生理盐水彻底冲洗5~10min。就医。

食入：用水漱口，禁止催吐。给饮牛奶或蛋清。就医。

灭火方法：

消防人员必须佩戴空气呼吸器、穿全身防火防毒服，在上风向灭火。尽可能将容器从火场移至空旷处。喷水保持火场容器冷却，直至灭火结束。容器突然发出异常声音或出现异常现象，应立即撤离。

灭火剂：用雾状水、二氧化碳、泡沫、砂土灭火。

泄漏应急处置：

根据液体流动和蒸气扩散的影响区域划定警戒区，无关人员从侧风、上风向撤离至安全区。建议应急处理人员戴正压自给式呼吸器，穿防毒服，戴橡胶手套。作业时使用的所有设备应接地。穿上适当的防护服前严禁接触破裂的容器和泄漏物。尽可能切断泄漏源。严禁用水处理。防止泄漏物进入水体、下水道、地下室或有限空间。

小量泄漏：用干燥的砂土或其他不燃材料覆盖泄漏物。

大量泄漏：构筑围堤或挖坑收容。用碎石灰石($CaCO_3$)、苏打灰(Na_2CO_3)或石灰(CaO)中和。用泵转移至槽车或专用收集器内。

44. 六氯环戊二烯

化学品标识信息

中文名称：六氯环戊二烯
别名：全氯环戊二烯
英文名称：hexachlorocyclopentadiene；perchlorocyclopentadiene
CAS号：77-47-4　　**UN号：**2646
主要用途：用于制农药如灭蚁灵，也用作聚酯树脂和聚氨酯泡沫塑料的阻燃剂。

理化特性

物理状态：黄色至琥珀色油状液体，有刺激性气味。
熔点(℃)：-9
沸点(℃)：238
相对蒸气密度(空气=1)：9.42
相对密度(水=1)：1.70
饱和蒸气压(kPa)：0.012(25℃)

危险性概述

危险性说明：吞咽有害，皮肤接触会中毒，吸入致命，造成严重的皮肤灼伤和眼损伤，对水生生物毒性非常大并具有长期持续影响。
危险性类别：急性毒性-经口，类别4；急性毒性-经皮，类别3；急性毒性-吸入，类别2；皮肤腐蚀/刺激，类别1B；严重眼损伤/眼刺激，类别1；危害水生环境-急性危害，类别1；危害水生环境-长期危害，类别1。

象形图：   

警告词： 危险。

物理、化学危险性： 可燃，其蒸气与空气混合，能形成爆炸性混合物。

健康危害： 吸入高浓度本品蒸气可致化学性肺炎、肺水肿。眼和皮肤接触引起灼伤。长期吸入可能引起肝、肾损害。

侵入途径： 吸入、食入、经皮吸收。

职业接触限值：

中国：PC-TWA　0.1mg/m^3。

美国(ACGIH)：TLV-TWA　0.01ppm。

包装与储运

联合国危险性类别： 6.1

联合国次要危险性：

联合国包装类别： Ⅰ类

安全储运：

储存于阴凉、通风良好的专用库房内，实行“双人收发、双人保管”制度。远离火种、热源。保持容器密封。应与氧化剂、食用化学品分开存放，切忌混储。配备相应品种和数量的消防器材。储区应备有泄漏应急处理设备和合适的收容材料。运输前应先检查包装容器是否完整、密封，运输过程中要确保容器不泄漏、不倒塌、不坠落、不损坏。严禁与酸类、氧化剂、食品及食品添加剂混运。运输时运输车辆应配备相应品种和数量的消防器材及泄漏应急处理设备。运输途中应防曝晒、雨淋，防高温。公路运输时要按规定路线行驶。

紧急处置信息

急救措施：

吸入：迅速脱离现场至空气新鲜处。保持呼吸道通畅。如呼吸困难，给输氧。呼吸、心跳停止，立即进行心肺复苏术。就医。

皮肤接触：立即脱去污染的衣着，用大量流动清水彻底冲洗至少 15min。就医。

眼睛接触：立即分开眼睑，用流动清水或生理盐水彻底冲洗 5~10min。就医。

食入：用水漱口，禁止催吐。给饮牛奶或蛋清。就医。

灭火方法：

消防人员须佩戴防毒面具、穿全身消防服，在上风向灭火。尽可能将容器从火场移至空旷处。喷水保持火场容器冷却，直至灭火结束。处在火场中的容器若已变色或从安全泄压装置中产生声音，必须马上撤离。

灭火剂：用雾状水、泡沫、干粉、二氧化碳、砂土灭火。

泄漏应急处置：

根据液体流动和蒸气扩散的影响区域划定警戒区，无关人员从侧风、上风向撤离至安全区。建议应急处理人员戴正压自给式呼吸器，穿防毒服。穿上适当的防护服前严禁接触破裂的容器和泄漏物。尽可能切断泄漏源。防止泄漏物进入水体、下水道、地下室或有限空间。

小量泄漏：用干燥的砂土或其他不燃材料吸收或覆盖，收集于容器中。

大量泄漏：构筑围堤或挖坑收容。用粉煤灰或石灰粉吸收大量液体。用泵转移至槽车或专用收集器内。

45. 铝粉

化学品标识信息

中文名称： 铝粉[无涂层的]

别名： 银粉；铝银粉

英文名称： aluminium powder(uncoated)

CAS 号： 7429-90-5

UN 号： 1396(无涂层)

主要用途： 用于颜料、油漆、烟花等工业，也用于冶金工业。

理化特性

物理状态、外观： 银白色粉末。

爆炸下限[%(V/V)]： 37~50mg/m^3

熔点(℃)： 660

沸点(℃)： 2327~2494

相对密度(水=1)： 2.70

饱和蒸气压(kPa)： 0.13(1284℃)

燃烧热(kJ/mol)： 822.9

临界压力(MPa)： 5.46

自燃温度(℃)： 590

危险性概述

危险性说明： 遇水放出易燃气体。

危险性类别： 遇水放出易燃气体的物质和混合物，类别 2。

象形图： 

警示词：危险。

物理化学危险性：遇湿易燃。与氧化性物质混合会发生爆炸。

健康危害：长期吸入可致铝尘肺。表现为消瘦、极易疲劳、呼吸困难、咳嗽、咳痰等。溅入眼内，可发生局灶性坏死，角膜色素沉着，晶体改变及玻璃体混浊。对鼻、口、性器官黏膜有刺激性，甚至发生溃疡。可引起痤疮、湿疹、皮炎。

侵入途径：吸入、食入。

职业接触限值：

中国：PC-TWA　3mg/m³(总尘)。

美国(ACGIH)：TLV-TWA　1mg/m³(呼尘)。

包装与储运

联合国危险性类别：4.3

联合国次要危险性：—

联合国包装类别：Ⅱ类或Ⅲ类

安全储运：

储存于阴凉、干燥、通风良好的专用库房内，库温不超过32℃，相对湿度不超过75%。远离火种、热源。包装密封。应与氧化剂、酸类、卤素等分开存放，切忌混储。采用防爆型照明、通风设施。禁止使用易产生火花的机械设备和工具。储区应备有合适的材料收容泄漏物。

运输时运输车辆应配备相应品种和数量的消防器材及泄漏应急处理设备。装运本品的车辆排气管须有阻火装置。运输过程中要确保容器不泄漏、不倒塌、不坠落、不损坏。严禁与氧化剂、酸类、卤素、食用化学品等混装混运。运输途中应防曝晒、雨淋，防高温。中途停留时应远离火种、热源。运输用车、船必须干燥，并有良好的防雨设施。车辆运输完毕应进行彻底清扫。铁路运输时要禁止溜放。

紧急处置信息

急救措施：

吸入：迅速脱离现场至空气新鲜处。保持呼吸道通畅。如呼吸困难，给输氧。呼吸、心跳停止，立即进行心肺复苏术。就医。

皮肤接触：立即脱去污染的衣着，用流动清水彻底冲洗。就医。

眼睛接触：立即分开眼睑，用流动清水或生理盐水彻底冲洗 5~10min。就医。

食入：漱口，饮水。就医。

灭火方法：

消防人员须佩戴防毒面具、穿全身消防服，在上风向灭火。尽可能将容器从火场移至空旷处。喷水保持火场容器冷却，直至灭火结束。

灭火剂：可用适当的干砂、石粉将火闷熄。

泄漏应急处置：

消除所有点火源。隔离泄漏污染区，限制出入。建议应急处理人员戴防尘口罩，穿防静电服。禁止接触或跨越泄漏物。尽可能切断泄漏源。严禁用水处理。

小量泄漏：用干燥的砂土或其他不燃材料覆盖泄漏物，然后用塑料布覆盖，减少飞散、避免雨淋。

粉末泄漏：用塑料布或帆布覆盖泄漏物，减少飞散，保持干燥。在专家指导下清除。

46. 氯

化学品标识信息

中文名称：氯　　**别名：**氯气

英文名称：chlorine

CAS 号：7782-50-5　　**UN 号：**1017

主要用途：用于漂白，制造氯化合物、盐酸、聚氯乙烯等。

理化特性

物理状态：黄绿色、有刺激性气味的气体。

熔点(℃)：-101

沸点(℃)：-34.0

相对蒸气密度(空气=1)：2.5

相对密度(水=1)：1.41(20℃)

饱和蒸气压(kPa)：673(20℃)

临界压力(MPa)：7.71

辛醇/水分配系数：0.85

临界温度(℃)：144

黏度(mPa·s)：14000(20℃)

危险性概述

危险性说明：吸入致命，造成皮肤刺激，造成严重眼刺激，可能引起呼吸道刺激，对水生生物毒性非常大。

危险性类别：急性毒性-吸入，类别 2；皮肤腐蚀/刺激，类别 2；严重眼损伤/眼刺激，类别 2；特异性靶器官毒性-一次接触，类别 3(呼吸道刺激)；危害水生环境-急性危害，类别 1。

象形图：

警告词：危险。

物理、化学危险性：助燃。与可燃物混合会发生爆炸。

健康危害：

氯是一种强烈的刺激性气体。

急性中毒：轻度者有流泪、咳嗽、咳少量痰、胸闷，出现气管-支气管炎或支气管周围炎的表现；中度中毒发生支气管肺炎、局限性肺泡性肺水肿、间质性肺水肿，或哮喘样发作，病人除有上述症状的加重外，出现呼吸困难、轻度紫绀等；重者发生肺泡性水肿、急性呼吸窘迫综合征、严重窒息、昏迷和休克，可出现气胸、纵隔气肿等并发症。吸入极高浓度的氯气，可引起迷走神经反射性心搏骤停或喉头痉挛而发生“电击样”死亡。眼接触可引起急性结膜炎，高浓度造成角膜损伤。皮肤接触液氯或高浓度氯，在暴露部位可有灼伤或急性皮炎。

慢性影响：长期低浓度接触，可引起慢性牙龈炎、慢性咽炎、慢性支气管炎、肺气肿、支气管哮喘等。可引起牙齿酸蚀症。

侵入途径：吸入、经皮吸收。

职业接触限值：

中国：MAC　1mg/m^3。

美国(ACGIH)：TLV-TWA　0.5ppm；TLV-STEL　1ppm。

包装与储运

联合国危险性类别：2.3

联合国次要危险性：5.1/8

联合国包装类别：Ⅱ类

安全储运：

储存于阴凉、通风的有毒气体专用库房。实行“双人收发、双人保管”制度。远离火种、热源。库温不宜超过30℃。应与易(可)燃物、醇类、食用化学品分开存放，切忌混储。储区应备有泄漏应急处理设备。本品铁路运输时限使用耐压液化气企业自备罐车装运，装运前需报有关部门批准。采用钢瓶运输时必须戴好钢瓶上的安全帽。钢瓶一般平放，并应将瓶口朝同一方向，不可交叉；高度不得超过车辆的防护栏板，并用三角木垫卡牢，防止滚动。严禁与易燃物或可燃物、醇类、食用化学品等混装混运。夏季应早晚运输，防止日光曝晒。运输时运输车辆应配备泄漏应急处理设备。公路运输时要按规定路线行驶，禁止在居民区和人口稠密区停留。铁路运输时要禁止溜放。

紧急处置信息

急救措施：

吸入：迅速脱离现场至空气新鲜处。保持呼吸道通畅。如呼吸困难，给输氧。呼吸、心跳停止，立即进行心肺复苏术。就医。

皮肤接触：立即脱去污染的衣着，用流动清水彻底冲洗。就医。

眼睛接触：立即分开眼睑，用流动清水或生理盐水彻底冲洗。就医。

灭火方法：

消防人员必须佩戴空气呼吸器、穿全身防火防毒服，在上风向灭火。切断气源。尽可能将容器从火场移至空旷处。喷水保持火场容器冷却，直至灭火结束。

灭火剂：本品不燃。根据着火原因选择适当灭火剂灭火。

泄漏应急处置：

根据气体扩散的影响区域划定警戒区，无关人员从侧风、上风向撤离至安全区。建议应急处理人员穿内置正压自给式呼吸器的全封闭防化服，戴橡胶手套。如果是液化气体泄漏，还应注意防冻伤。勿使泄漏物与可燃物质(如木材、纸、油等)接触。尽可能切断泄漏源。喷雾状水抑制蒸气或改变蒸气云流向，避免水流接触泄漏物。禁止用水直接冲击泄漏物或泄漏源。若可能翻转容器，使之逸出气体而非液体。防止气体通过下水道、通风系统和有限空间扩散。构筑围堤堵截液体泄漏物。喷稀碱液中和、稀释。也可将泄漏的储罐或钢瓶浸入石灰乳池中。隔离泄漏区直至气体散尽。泄漏场所保持通风。

47. 氯苯

化学品标识信息

中文名称：氯苯　　**别名：**一氯代苯；一氯化苯

英文名称：chlorobenzene；monochlorobenzene；phenyl chloride

CAS号：108-90-7　　**UN号：**1134

主要用途：作为有机合成的重要原料。

理化特性

物理状态、外观：无色透明液体，具有不愉快的苦杏仁味。

爆炸下限[%(V/V)]：1.3

爆炸上限[%(V/V)]：11

熔点(℃)：-45.2

沸点(℃)：131.7

相对密度(水=1)：1.11

相对蒸气密度(空气=1)：3.88

饱和蒸气压(kPa)：1.17(20℃)

燃烧热(kJ/mol)：-3100

临界压力(MPa)：4.52

辛醇/水分配系数：2.18~2.89

闪点(℃)：29

自燃温度(℃)：638

临界温度(℃)：359.2

黏度(mPa·s)：0.806(20℃)

危险性概述

危险性说明： 易燃液体和蒸气，吸入有害，对水生生物有毒并具有长期持续影响。

危险性类别： 易燃液体，类别3；急性毒性-吸入，类别4；危害水生环境-急性危害，类别2；危害水生环境-长期危害，类别2。

象形图：   

警示词： 警告。

物理化学危险性： 易燃，其蒸气与空气混合，能形成爆炸性混合物。

健康危害：

对中枢神经系统有抑制和麻醉作用；对皮肤和黏膜有刺激性。

急性中毒：接触高浓度可引起麻醉症状，甚至昏迷。脱离现场，积极救治后，可较快恢复，但数日内仍有头痛、头晕、无力、食欲减退等症状。液体对皮肤有轻度刺激性，但反复接触，则引起红斑或有轻度表浅性坏死。

慢性中毒：常有眼痛、流泪、结膜充血；早期有头痛、失眠、记忆力减退等神经衰弱症状；重者引起中毒性肝炎，个别可发生肾脏损害。

侵入途径： 吸入、食入、经皮吸收。

职业接触限值：

中国：PC-TWA　50mg/m^3。

美国(ACGIH)：TLV-TWA　10ppm。

包装与储运

联合国危险性类别： 3

联合国次要危险性：

联合国包装类别： Ⅲ类

安全储运：

储存于阴凉、通风的库房。远离火种、热源。库温不宜超过37℃。保持容器密封。应与氧化剂分开存放，切忌混储。采用防爆型照明、通风设施。禁止使用易产生火花的机械设备和工具。储区应备有泄漏应急处理设备和合适的收容材料。

本品铁路运输时限使用钢制企业自备罐车装运，装运前需报有关部门批准。运输时运输车辆应配备相应品种和数量的消防器材及泄漏应急处理设备。夏季最好早晚运输。运输时所用的槽(罐)车应有接地链，槽内可设孔隔板以减少震荡产生静电。严禁与氧化剂、食用化学品等混装混运。运输途中应防曝晒、雨淋，防高温。中途停留时应远离火种、热源、高温区。装运该物品的车辆排气管必须配备阻火装置，禁止使用易产生火花的机械设备和工具装卸。公路运输时要按规定路线行驶，勿在居民区和人口稠密区停留。铁路运输时要禁止溜放。严禁用木船、水泥船散装运输。

紧急处置信息

急救措施：

吸入：迅速脱离现场至空气新鲜处。保持呼吸道通畅。如呼吸困难，给输氧。呼吸、心跳停止，立即进行心肺复苏术。就医。

皮肤接触：立即脱去污染的衣着，用流动清水彻底冲洗。就医。

眼睛接触：立即分开眼睑，用流动清水或生理盐水彻底冲洗。就医。

食入：漱口，饮水。就医。

灭火方法：

消防人员必须佩戴空气呼吸器、穿全身防火防毒服，在上风向灭火。喷水冷却容器，可能的话将容器从火场移至空旷处。容器突然发出异常声音或出现异常现象，应立即撤离。

灭火剂：用雾状水、泡沫、干粉、二氧化碳、砂土灭火。

泄漏应急处置：

消除所有点火源。根据液体流动和蒸气扩散的影响区域划定警戒区，无关人员从侧风、上风向撤离至安全区。建议应急处理人员戴正压自给式呼吸器，穿防静电服。作业时使用的所有设备应接地。禁止接触或跨越泄漏物。尽可能切断泄漏源。防止泄漏物进入水体、下水道、地下室或有限空间。

小量泄漏：用砂土或其他不燃材料吸收。使用洁净的无火花工具收集吸收材料。

大量泄漏：构筑围堤或挖坑收容。用砂土、惰性物质或蛭石吸收大量液体。用泡沫覆盖，减少蒸发。喷水雾能减少蒸发，但不能降低泄漏物在有限空间内的易燃性。用防爆泵转移至槽车或专用收集器内。

48. 氯甲基甲醚

化学品标识信息

中文名称：氯甲基甲醚 **别名：**甲基氯甲醚

英文名称：chloromethyl methyl ether；methyl chloromethyl ether

CAS 号：107-30-2 **UN 号：**1239

主要用途：作为氯甲基化剂。

理化特性

物理状态：无色或微黄色液体，带有刺激性气味。

熔点(℃)：-103.5

沸点(℃)：59.5

相对蒸气密度(空气=1)：2.8

相对密度(水=1)：1.06

饱和蒸气压(kPa)：25.3(20℃)

临界压力(MPa)：5.03

辛醇/水分配系数：0.32

闪点(℃)：-17.8

危险性概述

危险性说明：高度易燃液体和蒸气，吞咽致命，皮肤接触有害，吸入有害，可能致癌。

危险性类别：易燃液体，类别 2；急性毒性-经口，类别 1；急性毒性-经皮，类别 4；急性毒性-吸入，类别 4；致癌性，类别 1A。

象形图：  

警告词：危险。

物理、化学危险性：高度易燃，其蒸气与空气混合，能形成爆炸性混合物。

健康危害：

本品蒸气对呼吸道有强烈刺激性。吸入较高浓度后立即发生流泪、咽痛、剧烈呛咳、胸闷、呼吸困难并有发热、寒战，脱离接触后可逐渐好转。但经数小时至24h潜伏期后，可发生化学性肺炎、肺水肿，抢救不及时可死亡。眼及皮肤接触可致灼伤。

慢性影响：长期接触本品可引起支气管炎。本品可致肺癌。

侵入途径：吸入、食入、经皮吸收。

职业接触限值：

中国：MAC　0.005mg/m^3[G1]。

美国(ACGIH)：未制定标准。

包装与储运

联合国危险性类别：6.1

联合国次要危险性：3

联合国包装类别：Ⅰ类

安全储运：

通常商品加有稳定剂。储存于阴凉、通风良好的专用库房内，实行“双人收发、双人保管”制度。远离火种、热源。库温不宜超过37℃。包装要求密封，不可与空气接触。应与氧化剂、酸类、碱类、食用化学品分开存放，切忌混储。不宜久存。采用防爆型照明、通风设施。禁止使用易产生火花的机械设备和工具。储区应备有泄漏应急处理设备和合适的收容材料。

运输时运输车辆应配备相应品种和数量的消防器材及泄漏应急处理设备。夏季最好早晚运输。运输时所用的槽(罐)车应有接地链，槽内可设孔隔板以减少震荡产生静电。严禁与氧化剂、酸类、碱类、食用化学品等混装混运。运输途中应防曝晒、雨淋，防高温。中途停留时应远离火种、热源、高温区。装运该物品的车辆排气管必须配备阻火装置，禁止使用易产生火花的机械设备和工具装卸。公路运输时要按规定路线行驶，勿在居民区和人口稠密区停留。铁路运输时要禁止溜放。严禁用木船、水泥船散装运输。

紧急处置信息

急救措施：

吸入：迅速脱离现场至空气新鲜处。保持呼吸道通畅。如呼吸困难，给输氧。呼吸、心跳停止，立即进行心肺复苏术。就医。

皮肤接触：立即脱去污染的衣着，用流动清水彻底冲洗。就医。

眼睛接触：立即分开眼睑，用流动清水或生理盐水彻底冲洗。就医。

食入：漱口，饮水。就医。

灭火方法：

消防人员须佩戴防毒面具、穿全身消防服，在上风向灭火。尽可能将容器从火场移至空旷处。容器突然发出异常声音或出现异常现象，应立即撤离。不宜用水。

灭火剂：用干粉、二氧化碳、砂土灭火。

泄漏应急处置：

消除所有点火源。根据液体流动和蒸气扩散的影响区域划定警戒区，无关人员从侧风、上风向撤离至安全区。建议应急处理人员戴正压自给式呼吸器，穿防毒、防静电服。作业时使用的所有设备应接地。禁止接触或跨越泄漏物。尽可能切断泄漏源。防止泄漏物进入水体、下水道、地下室或有限空间。

小量泄漏：用砂土或其他不燃材料吸收。使用洁净的无火花工具收集吸收材料。

大量泄漏：构筑围堤或挖坑收容。用抗溶性泡沫覆盖，减少蒸发。喷水雾能减少蒸发，但不能降低泄漏物在有限空间内的易燃性。用防爆泵转移至槽车或专用收集器内。喷雾状水驱散蒸气、稀释液体泄漏物。

49. 氯甲酸三氯甲酯

化学品标识信息

中文名称： 氯甲酸三氯甲酯

别名： 氯代甲酸三氯甲酯；双光气

英文名称： trichloromethyl chloroformate；diphosgene

CAS 号： 503-38-8　　**UN 号：** 2742

主要用途： 用于有机合成。

理化特性

物理状态： 无色液体，有窒息性。

熔点(℃)： -57

沸点(℃)： 128

相对蒸气密度(空气=1)： 6.9

相对密度(水=1)： 1.65

饱和蒸气压(kPa)： 1.37(20℃)

危险性概述

危险性说明： 吞咽致命，吸入致命，造成严重的皮肤灼伤和眼损伤。

危险性类别： 急性毒性-经口，类别 2；急性毒性-吸入，类别 2；皮肤腐蚀/刺激，类别 1；严重眼损伤/眼刺激，类别 1。

象形图： 

警告词： 危险。

物理、化学危险性： 不燃，无特殊燃爆特性。

健康危害：主要作用于呼吸器官，引起急性中毒性肺水肿，严重者窒息死亡。眼和皮肤接触引起灼伤。

侵入途径：吸入、食入。

职业接触限值：

中国：未制定标准。

美国(ACGIH)：未制定标准。

包装与储运

联合国危险性类别：6.1

联合国次要危险性：8

联合国包装类别：Ⅱ类

安全储运：

储存于阴凉、干燥、通风良好的库房。远离火种、热源。包装必须密封，切勿受潮。应与氧化剂、碱类、食用化学品分开存放，切忌混储。储区应备有泄漏应急处理设备和合适的收容材料。

运输前应先检查包装容器是否完整、密封，运输过程中要确保容器不泄漏、不倒塌、不坠落、不损坏。严禁与酸类、氧化剂、食品及食品添加剂混运。运输时运输车辆应配备泄漏应急处理设备。运输途中应防曝晒、雨淋，防高温。公路运输时要按规定路线行驶，勿在居民区和人口稠密区停留。

紧急处置信息

急救措施：

吸入：迅速脱离现场至空气新鲜处。保持呼吸道通畅。如呼吸困难，给输氧。呼吸、心跳停止，立即进行心肺复苏术。就医。

皮肤接触：立即脱去污染的衣着，用大量流动清水彻底冲洗至少15min。就医。

眼睛接触：立即分开眼睑，用流动清水或生理盐水彻底冲洗5~10min。就医。

食入：用水漱口，禁止催吐。给饮牛奶或蛋清。就医。

灭火方法：

消防人员必须佩戴空气呼吸器、穿全身防火防毒服，在上风向灭火。尽可能将容器从火场移至空旷处。喷水保持火场容器冷却，直至灭火结束。处在火场中的容器若已变色或从安全泄压装置中产生声音，必须马上撤离。

灭火剂：本品不燃，根据着火原因选择适当灭火剂灭火。

泄漏应急处置：

根据液体流动和蒸气扩散的影响区域划定警戒区，无关人员从侧风、上风向撤离至安全区。建议应急处理人员戴正压自给式呼吸器，穿防毒、防静电服。作业时使用的所有设备应接地。穿上适当的防护服前严禁接触破裂的容器和泄漏物。尽可能切断泄漏源。防止泄漏物进入水体、下水道、地下室或有限空间。严禁用水处理。

小量泄漏：用干燥的砂土或其他不燃材料覆盖泄漏物。

大量泄漏：构筑围堤或挖坑收容。用防爆、耐腐蚀泵转移至槽车或专用收集器内。

50. 氯酸钾

化学品标识信息
中文名称： 氯酸钾　　**别名：** 白药粉 **英文名称：** potassium chlorate; potassium oxymuriate **CAS 号：** 3811-04-9　　**UN 号：** 1485 **主要用途：** 用于火柴、烟花、炸药的制造，以及合成印染、医药，也用作分析试剂。
理化特性
物理状态： 无色片状结晶或白色颗粒粉末，味咸而凉。 **熔点(℃)：** 356~368 **沸点(℃)：** 400(分解) **相对密度(水=1)：** 2.32 **分解温度(℃)：** 400
危险性概述
危险性说明： 易燃固体，吞咽有害，吸入有害，对水生生物有毒并具有长期持续影响。 **危险性类别：** 氧化性固体，类别 1；急性毒性-经口，类别 4；急性毒性-吸入，类别 4；危害水生环境-急性危害，类别 2；危害水生环境-长期危害，类别 2。 **象形图：**   **警告词：** 危险。 **物理、化学危险性：** 易燃。与可燃物混合或急剧加热会发生爆炸。

健康危害：对人的致死量约10g。口服急性中毒表现为高铁血红蛋白血症，胃肠炎，肝肾损害，甚至窒息。粉尘对呼吸道有刺激性。

侵入途径：吸入、食入、经皮吸收。

职业接触限值：

中国：未制定标准。

美国(ACGIH)：未制定标准。

包装与储运

联合国危险性类别：5.1

联合国次要危险性：

联合国包装类别：Ⅱ类

安全储运：

储存于阴凉、干燥、通风良好的专用库房内，远离火种、热源。库温不超过30℃，相对湿度不超过80%。包装密封。应与易(可)燃物、还原剂、酸类、醇类等分开存放，切忌混储。储区应备有合适的材料收容泄漏物。

运输时单独装运，运输过程中要确保容器不泄漏、不倒塌、不坠落、不损坏。运输时运输车辆应配备相应品种和数量的消防器材。严禁与酸类、易燃物、有机物、还原剂、自燃物品、遇湿易燃物品等并车混运。运输时车速不宜过快，不得强行超车。运输车辆装卸前后，均应彻底清扫、洗净，严禁混入有机物、易燃物等杂质。

紧急处置信息

急救措施：

吸入：迅速脱离现场至空气新鲜处。保持呼吸道通畅。如呼吸困难，给输氧。呼吸、心跳停止，立即进行心肺复苏术。就医。

皮肤接触：立即脱去污染的衣着，用流动清水彻底冲洗。就医。

眼睛接触：立即分开眼睑，用流动清水或生理盐水彻底冲洗。就医。

食入：漱口，饮水。就医。

灭火方法：

消防人员须佩戴防毒面具、穿全身消防服，在有防护掩蔽处灭火。尽可能将容器从火场移至空旷处。喷水保持火场容器冷却，直至灭火结束。禁止用砂土压盖。

灭火剂：用大量水扑救，同时用干粉灭火剂闷熄。

泄漏应急处置：

隔离泄漏污染区，限制出入。建议应急处理人员戴防尘口罩，穿防毒服，戴橡胶手套。勿使泄漏物与可燃物质(如木材、纸、油等)接触。穿上适当的防护服前严禁接触破裂的容器和泄漏物。尽可能切断泄漏源。勿使水进入包装容器内。

小量泄漏：用洁净的铲子收集泄漏物，置于干净、干燥、盖子较松的容器中，将容器移离泄漏区。

大量泄漏：泄漏物回收后，用水冲洗泄漏区。

51. 氯酸钠

化学品标识信息

中文名称： 氯酸钠　　**别名：** 氯酸碱

英文名称： sodium chlorate

CAS 号： 7775-09-9　　**UN 号：** 1495

主要用途： 用作氧化剂，用于制氯酸盐、除草剂、医药品，也用于冶金矿石处理等。

理化特性

物理状态： 无色无味结晶，味咸而凉，有潮解性。

熔点(℃)： 248~261

沸点(℃)： 分解

相对密度(水=1)： 2.49

辛醇/水分配系数： -7.18

分解温度(℃)： 300

危险性概述

危险性说明： 可引起燃烧或爆炸：强氧化剂，吞咽有害，对水生生物有毒并具有长期持续影响。

危险性类别： 氧化性固体，类别 1；急性毒性-经口，类别 4；危害水生环境-急性危害，类别 2；危害水生环境-长期危害，类别 2。

象形图：   

警告词： 危险。

物理、化学危险性： 与可燃物混合或急剧加热会发生爆炸。

健康危害：本品粉尘对呼吸道、眼及皮肤有刺激性。口服急性中毒，表现为高铁血红蛋白血症，胃肠炎，肝肾损伤，甚至发生窒息。

侵入途径：食入。

职业接触限值：

中国：未制定标准。

美国(ACGIH)：未制定标准。

包装与储运

联合国危险性类别：5.1

联合国次要危险性：

联合国包装类别：Ⅱ类

安全储运：

储存于阴凉、干燥、通风良好的专用库房内，库温不超过30℃，相对湿度不超过80%。远离火种、热源。包装密封。应与易(可)燃物、还原剂、醇类等分开存放，切忌混储。储区应备有合适的材料收容泄漏物。

运输时单独装运，运输过程中要确保容器不泄漏、不倒塌、不坠落、不损坏。运输时运输车辆应配备相应品种和数量的消防器材。严禁与酸类、易燃物、有机物、还原剂、自燃物品、遇湿易燃物品等并车混运。运输时车速不宜过快，不得强行超车。运输车辆装卸前后，均应彻底清扫、洗净，严禁混入有机物、易燃物等杂质。

紧急处置信息

急救措施：

吸入：迅速脱离现场至空气新鲜处。保持呼吸道通畅。如呼吸困难，给输氧。呼吸、心跳停止，立即进行心肺复苏术。就医。

皮肤接触：立即脱去污染的衣着，用流动清水彻底冲洗。就医。

眼睛接触：立即分开眼睑，用流动清水或生理盐水彻底冲洗。就医。

食入：漱口，饮水。就医。

灭火方法：

消防人员须佩戴防毒面具、穿全身消防服，在有防护掩蔽处灭火。尽可能将容器从火场移至空旷处。喷水保持火场容器冷却，直至灭火结束。禁止用砂土压盖。

灭火剂：用大量水扑救，同时用干粉灭火剂闷熄。

泄漏应急处置：

隔离泄漏污染区，限制出入。建议应急处理人员戴防尘口罩，穿防毒服。勿使泄漏物与可燃物质(如木材、纸、油等)接触。穿上适当的防护服前严禁接触破裂的容器和泄漏物。尽可能切断泄漏源。勿使水进入包装容器内。

小量泄漏：用洁净的铲子收集泄漏物，置于干净、干燥、盖子较松的容器中，将容器移离泄漏区。

大量泄漏：泄漏物回收后，用水冲洗泄漏区。

52. 氯乙烯

化学品标识信息

中文名称：氯乙烯　　**别名：**乙烯基氯

英文名称：chloroethylene；vinyl chloride

CAS 号：75-01-4　　**UN 号：**1086

主要用途：用作塑料原料及用于有机合成，也用作冷冻剂等。

理化特性

物理状态、外观：无色、有醚样气味的气体。

爆炸下限[%(V/V)]：3.6

爆炸上限[%(V/V)]：33.0

熔点(℃)：-153.8

沸点(℃)：-13.4

相对密度(水=1)：0.91

相对蒸气密度(空气=1)：2.2

饱和蒸气压(kPa)：343.5(20℃)

临界压力(MPa)：5.60

辛醇/水分配系数：1.62

闪点(℃)：-78(OC)

自燃温度(℃)：472

临界温度(℃)：151.5

黏度(mPa · s)：0.01(20℃)

危险性概述

危险性说明：极易燃气体，在升高的大气压和/或温度无空气也可能迅速反应。内装加压气体；遇热可能爆炸，可能致癌。

危险性类别： 易燃气体，类别 1；化学不稳定性气体，类别 B；加压气体；致癌性，类别 1A。

象形图：   

警示词： 危险。

物理化学危险性： 极易燃，与空气混合能形成爆炸性混合物。

健康危害：

急性毒性表现为麻醉作用；长期接触可引起氯乙烯病；本品为致癌物，可致肝血管肉瘤。

急性中毒：轻度中毒时病人出现眩晕、胸闷、嗜睡、步态蹒跚等；严重中毒可发生昏迷、抽搐、呼吸循环衰竭，甚至造成死亡。皮肤接触氯乙烯液体可致冻伤，出现局部麻木，继之出现红斑、水肿，以至坏死。眼部接触有明显刺激症状。

慢性中毒：表现为神经衰弱综合征、肝肿大、肝功能异常、消化功能障碍、雷诺氏现象及肢端溶骨症。重度中毒可引起肝硬化。皮肤经常接触，见干燥、皲裂，或引起丘疹、粉刺、手掌皮肤角化、指甲变薄等；有时偶见秃发。少数人出现硬皮病样改变。肝血管肉瘤系氯乙烯所致的一种恶性程度很高的职业性肿瘤，本症主要见于清釜工。

侵入途径： 吸入、食入、经皮吸收。

职业接触限值：

中国：PC-TWA 10mg/m^3[G1]。

美国(ACGIH)：TLV-TWA 1ppm。

包装与储运

联合国危险性类别：2.1

联合国次要危险性：

联合国包装类别：—

安全储运：

储存于阴凉、通风的易燃气体专用库房。远离火种、热源。库温不宜超过30℃。应与氧化剂分开存放，切忌混储。采用防爆型照明、通风设施。禁止使用易产生火花的机械设备和工具。储区应备有泄漏应急处理设备。

采用钢瓶运输时必须戴好钢瓶上的安全帽。钢瓶一般平放，并应将瓶口朝同一方向，不可交叉；高度不得超过车辆的防护栏板，并用三角木垫卡牢，防止滚动。运输时运输车辆应配备相应品种和数量的消防器材。装运该物品的车辆排气管必须配备阻火装置，禁止使用易产生火花的机械设备和工具装卸。严禁与氧化剂、食用化学品等混装混运。夏季应早晚运输，防止日光曝晒。中途停留时应远离火种、热源。公路运输时要按规定路线行驶，禁止在居民区和人口稠密区停留。铁路运输时要禁止溜放。

紧急处置信息

急救措施：

吸入：迅速脱离现场至空气新鲜处。保持呼吸道通畅。如呼吸困难，给输氧。呼吸、心跳停止，立即进行心肺复苏术。就医。

皮肤接触：如发生冻伤，用温水（38～42℃）复温，忌用热水或辐射热，不要揉搓。就医。

眼睛接触：立即分开眼睑，用流动清水或生理盐水彻底冲洗。就医。

灭火方法：

切断气源。若不能切断气源，则不允许熄灭泄漏处的火焰。消防人员必须佩戴空气呼吸器、穿全身防火防毒服，在上风向灭火。尽可能将容器从火场移至空旷处。喷水保持火场容器冷却，直至灭火结束。

灭火剂：用雾状水、泡沫、二氧化碳灭火。

泄漏应急处置：

消除所有点火源。根据气体扩散的影响区域划定警戒区，无关人员从侧风、上风向撤离至安全区。建议应急处理人员戴正压自给式呼吸器，穿防静电服。液化气体泄漏时穿防静电、防寒服，戴防化学品手套。作业时使用的所有设备应接地。尽可能切断泄漏源。若可能翻转容器，使之逸出气体而非液体。喷雾状水抑制蒸气或改变蒸气云流向，避免水流接触泄漏物。禁止用水直接冲击泄漏物或泄漏源。防止气体通过下水道、通风系统和有限空间扩散。隔离泄漏区直至气体散尽。

53. 镁

化学品标识信息

中文名称：镁粉　　　　**别名：**

英文名称：magnesium powder

CAS 号：7439-95-4

UN 号：1418(粉末)；1869(丸状、旋屑或带状)

主要用途：用作还原剂，制闪光粉、铅合金、照明剂，冶金中作脱硫剂，此外用于有机合成等。

理化特性

物理状态、外观：银白色有金属光泽的粉末。

爆炸下限[%(V/V)]：44~59mg/m^3

熔点(℃)：650~651

沸点(℃)：1100

相对密度(水=1)：1.74

饱和蒸气压(kPa)：0.13(621℃)

燃烧热(kJ/mol)：609.7

闪点(℃)：500

自燃温度(℃)：480~510

辛醇/水分配系数：-0.57

黏度(mPa·s)：1.25(熔点)

危险性概述

危险性说明：遇水放出易燃气体，自热；可能燃烧。

危险性类别：遇水放出易燃气体的物质和混合物，类别 2；自热物质和混合物，类别 1。

象形图：

警示词：危险。

物理化学危险性：遇水剧烈反应，可引起燃烧或爆炸。

健康危害：对眼、上呼吸道和皮肤有刺激性。吸入可引起咳嗽、胸痛等。口服对身体有害。

侵入途径：吸入、食入。

职业接触限值：

中国：未制定标准。

美国(ACGIH)：未制定标准。

包装与储运

联合国危险性类别：4.3/4.2(粉末)

联合国次要危险性：4.1(丸状、旋屑或带状)

联合国包装类别：Ⅱ类(粉末)

Ⅲ类(丸状、旋屑或带状)

安全储运：

储存于阴凉、干燥、通风良好的专用库房内，远离火种、热源。库温不超过32℃，相对湿度不超过75%。包装要求密封，不可与空气接触。应与氧化剂、酸类、卤素、氯代烃等分开存放，切忌混储。采用防爆型照明、通风设施。禁止使用易产生火花的机械设备和工具。储区应备有合适的材料收容泄漏物。

运输时运输车辆应配备相应品种和数量的消防器材及泄漏应急处理设备。装运本品的车辆排气管须有阻火装置。运输过程中要确保容器不泄漏、不倒塌、不坠落、不损坏。严禁与氧化剂、酸类、卤素、氯代烃、食用化学品等混装混运。运输途中应防曝晒、雨淋，防高温。中途停留时应远离火种、热源。运输用车、船必须干燥，并有良好的防雨设施。车辆运输完毕应进行彻底清扫。铁路运输时要禁止溜放。

紧急处置信息

急救措施：

吸入：迅速脱离现场至空气新鲜处。保持呼吸道通畅。如呼吸困难，给输氧。呼吸、心跳停止，立即进行心肺复苏术。就医。

皮肤接触：立即脱去污染的衣着，用流动清水彻底冲洗。就医。

眼睛接触：立即分开眼睑，用流动清水或生理盐水彻底冲洗。就医。

食入：漱口，饮水。就医。

灭火方法：

消防人员必须佩戴空气呼吸器、穿全身防火防毒服，在上风向灭火。尽可能将容器从火场移至空旷处。喷水保持火场容器冷却，直至灭火结束。严禁用水、泡沫、二氧化碳扑救。施救时对眼睛和皮肤须加保护，以免飞来炽粒烧伤身体、镁光灼伤视力。

灭火剂：用干燥石墨粉和干砂闷熄火苗，隔绝空气。

泄漏应急处置：

隔离泄漏污染区，限制出入。消除所有点火源。建议应急处理人员戴防尘口罩，穿防静电服。禁止接触或跨越泄漏物。尽可能切断泄漏源。严禁用水处理。

小量泄漏：用干燥的砂土或其他不燃材料覆盖泄漏物，然后用塑料布覆盖，减少飞散、避免雨淋。

粉末泄漏：用塑料布或帆布覆盖泄漏物，减少飞散，保持干燥。在专家指导下清除。

54. 萘

化学品标识信息

中文名称：萘

别名：精萘；粗萘；萘饼；并苯

英文名称：naphthalene

CAS 号：91-20-3 **UN 号：**1334；2304(熔融)

主要用途：用于制造染料中间体、樟脑丸、皮革和木材保护剂等。

理化特性

物理状态、外观：白色易挥发晶体，有温和芳香气味，粗萘有煤焦油臭味。

爆炸下限[%(V/V)]：2.5g/m^3(粉尘)；0.9(蒸气)

爆炸上限[%(V/V)]：5.9(蒸气)

熔点(℃)：80.1

沸点(℃)：217.9

相对密度(水=1)：1.16

相对蒸气密度(空气=1)：4.42

饱和蒸气压(kPa)：0.0131(25℃)

燃烧热(kJ/mol)：-4983

临界压力(MPa)：4.05

辛醇/水分配系数：3.01~3.59

闪点(℃)：78.9

自燃温度(℃)：526

临界温度(℃)：475.2

黏度(mPa·s)：0.75(20℃)

危险性概述

危险性说明：易燃固体，吞咽有害，怀疑致癌，对水生生物毒性非常大并具有长期持续影响。

危险性类别：易燃固体，类别2；急性毒性-经口，类别4；致癌性，类别2；危害水生环境-急性危害，类别1；危害水生环境-长期危害，类别1。

象形图：   

警示词：危险。

物理化学危险性：易燃，其粉体与空气混合，能形成爆炸性混合物。

健康危害：

具有刺激作用，高浓度致溶血性贫血及肝、肾损害。

急性中毒：吸入高浓度萘蒸气或粉尘时，出现眼及呼吸道刺激、角膜混浊、头痛、恶心、呕吐、食欲减退、腰痛、尿频，尿中出现蛋白及红、白细胞。亦可发生视神经炎和视网膜炎。重者可发生中毒性脑病和肝损害。口服中毒主要引起溶血和肝、肾损害，甚至发生急性肾功能衰竭和肝坏死。

慢性中毒：反复接触萘蒸气，可引起头痛、乏力、恶心、呕吐和血液系统损害。可引起白内障、视神经炎和视网膜病变。皮肤接触可引起皮炎。

侵入途径：吸入、食入、经皮吸收。

职业接触限值：

中国：PC-TWA　50mg/m^3；PC-STEL　75[皮][G2B]。

美国(ACGIH)：TLV-TWA　10ppm；TLV-STEL　15ppm[皮]。

包装与储运

联合国危险性类别：4.1

联合国次要危险性：

联合国包装类别：Ⅲ类

安全储运：

储存于阴凉、通风的库房。远离火种、热源。库温不宜超过35℃。包装密封。应与氧化剂分开存放，切忌混储。配备相应品种和数量的消防器材。

储区应备有合适的材料收容泄漏物。

铁路运输，在专用线装、卸车的萘饼，可用企业自备车散装运输。运输时运输车辆应配备相应品种和数量的消防器材及泄漏应急处理设备。装运本品的车辆排气管须有阻火装置。运输过程中要确保容器不泄漏、不倒塌、不坠落、不损坏。严禁与氧化剂、食用化学品等混装混运。运输途中应防曝晒、雨淋，防高温。中途停留时应远离火种、热源。车辆运输完毕应进行彻底清扫。铁路运输时要禁止溜放。

紧急处置信息

急救措施：

吸入：迅速脱离现场至空气新鲜处。保持呼吸道通畅。如呼吸困难，给输氧。呼吸、心跳停止，立即进行心肺复苏术。就医。

皮肤接触：立即脱去污染的衣着，用流动清水彻底冲洗。就医。

眼睛接触：立即分开眼睑，用流动清水或生理盐水彻底冲洗。就医。

食入：漱口，饮水。就医。

灭火方法：

消防人员必须佩戴空气呼吸器、穿全身防火防毒服，在上风向灭火。尽可能将容器从火场移至空旷处。喷水保持火场容器冷却，直至灭火结束。

灭火剂：用二氧化碳、雾状水、砂土灭火。

泄漏应急处置：

消除所有点火源。隔离泄漏污染区，限制出入。建议应急处理人员戴防尘口罩，穿防毒、防静电服。禁止接触或跨越泄漏物。

小量泄漏：用洁净的铲子收集泄漏物，置于干净、干燥、盖子较松的容器中，将容器移离泄漏区。

大量泄漏：用水润湿，并筑堤收容。防止泄漏物进入水体、下水道、地下室或有限空间。

55. 2,2′-偶氮-二-(2,4-二甲基戊腈)

化学品标识信息

中文名称： 2，2′-偶氮-二-（2，4-二甲基戊腈）
别名： 偶氮二异庚腈
英文名称： 2，2′-azobisisoheptonitrile；2，2′-azobis-（2，4-dimethylvaleronitrile）
CAS 号： 4419-11-8　　**UN 号：** 3226
主要用途： 主要用作聚氯乙烯、聚丙烯腈、聚乙烯醇的引发剂，还用作塑料、橡胶的发泡剂。

理化特性

物理状态： 白色片状结晶。
熔点(℃)： 55.5～57(顺式)；74～76℃(反式)
沸点(℃)： 351
辛醇/水分配系数： 4.86
相对密度(水=1)： 0.99

危险性概述

危险性说明： 加热可能起火。
危险性类别： 自反应物质和混合物，D 型。
象形图： 
警告词： 危险。
物理、化学危险性： 遇高热、明火或与氧化剂混合，经摩擦、撞击有引起燃烧爆炸的危险。燃烧时，放出有毒气体。受热分解，放出氮气及数种有机氰化合物，对人体有害，并散发出较大热量，能引起爆炸。

健康危害： 低毒。

侵入途径： 吸入。

职业接触限值：

中国：未制定标准。

美国(ACGIH)：未制定标准。

包装与储运

联合国危险性类别： 4.1

联合国次要危险性：

联合国包装类别： —

安全储运：

储存于阴凉、通风的库房。远离火种、热源。库房温度不超过 10℃。应与醇类、氧化剂、丙酮、醛类和烃类等分开存放，切忌混储。存放时，应距加热器(包括暖气片)和热力管线 300mm 以上。储存区应备有合适的材料收容泄漏物。禁止振动、撞击和摩擦。禁止使用易产生火花的机械设备和工具。储区应备有合适的材料收容泄漏物。

运输车辆应有危险货物运输标志、安装具有行驶记录功能的卫星定位装置。未经公安机关批准，运输车辆不得进入危险化学品运输车辆限制通行的区域。低温运输。运输过程中应有遮盖物，防止曝晒和雨淋、猛烈撞击、包装破损，不得倒置。严禁与醇类、酸类、氧化剂、丙酮、醛类和烃类等同车混运。运输过程中要确保容器不泄漏、不倒塌、不坠落、不损坏。运输时运输车辆应配备相应品种和数量的消防器材。搬运时要轻装轻卸，防止包装及容器损坏。禁止震动、撞击和摩擦。

紧急处置信息

急救措施：

吸入：迅速脱离现场至空气新鲜处。保持呼吸道通畅。如呼吸困难，给输氧。呼吸、心跳停止，立即进行人工呼吸(勿用口对口)和胸外心脏按压术。如出现中毒症状给予吸氧和吸入亚硝酸异戊酯，将亚硝酸异戊酯的安瓿放在手帕里或单衣内打碎放在面罩内使伤员吸入15s，然后移去15s，重复5~6次。口服4-DMAP(4-二甲基氨基苯酚)1片(180mg)和PAPP(氨基苯丙酮)1片(90mg)。

皮肤接触：立即脱去污染的衣着，用流动清水或5%硫代硫酸钠溶液彻底冲洗。如果出现中毒症状，处理同“吸入”。

眼睛接触：立即提起眼睑，用流动清水或生理盐水冲洗。如有不适感，就医。

食入：如伤者神志清醒，催吐，洗胃。如果出现中毒症状，处理同“吸入”。

灭火方法：

大火时，远距离用大量水灭火。从远处或使用遥控水枪、水炮灭火。消防人员应佩戴空气呼吸器、穿全身防火防毒服。在确保安全的前提下将容器移离火场。用大量水冷却容器，直至火扑灭。如果安全阀发出声响或储罐变色，立即撤离。如果在火场中有储罐、槽车或罐车，周围至少隔离800m；同时初始疏散距离也至少为800m。

灭火剂：水、泡沫、二氧化碳、干粉灭火。

泄漏应急处置：

隔离泄漏污染区，限制出入。消除所有点火源(泄漏区附近禁止吸烟、消除所有明火、火花或火焰)。建议应急处理人员戴防尘面具(全面罩)，穿防毒服。不要直接接触泄漏物。避免振动、撞击和摩擦。在专业人员指导下清除。作为一项紧急预防措施，泄漏隔离距离至少为25m。如果为大量泄漏，下风向的初始疏散距离应至少为250m。防止泄漏物进入水体、下水道、地下室或密闭空间。用惰性、湿润的不燃材料吸收，使用无火花工具收集于干燥、洁净、有盖的容器中。

56. 2,2′-偶氮二异丁腈

化学品标识信息

中文名称：2，2′-偶氮二异丁腈

别名：发泡剂 N

英文名称：2，2′-azodiisobutyronitrile；azobisisobutyronitrile

CAS 号：78-67-1　　**UN 号：**3234

主要用途：用作橡胶、塑料等发泡剂，聚合引发剂，也用于其他有机合成。

理化特性

物理状态：白色透明结晶。

熔点(℃)：110(分解)

自燃温度(℃)：64

辛醇/水分配系数：1.1

危险性概述

危险性说明：加热可引能起火，吞咽有害，吸入有害，对水生生物有害并具有长期持续影响。

危险性类别：自反应物质和混合物，C 型；急性毒性-经口和混合物，类别 4；急性毒性-吸入和混合物，类别 4；危害水生环境-急性危害，类别 3；危害水生环境-长期危害，类别 3。

象形图：

警告词：危险。

物理、化学危险性：易燃。与氧化剂混合能形成爆炸性混合物。

健康危害：

在体内可释放氰离子引起中毒。大量接触本品者出现头痛、头胀、易疲劳、流涎和呼吸困难；亦可见到昏迷和抽搐。用本品做发泡剂的泡沫塑料加热或切割时产生的挥发性物质可刺激咽喉，口中有苦味，并可致呕吐和腹痛。本品分解能产生剧毒的甲基琥珀腈。

长期接触本品可引起神经衰弱综合征，呼吸道刺激症状，肝、肾损害。

侵入途径：吸入、食入。

职业接触限值：

中国：未制定标准。

美国(ACGIH)：未制定标准。

包装与储运

联合国危险性类别：4.1

联合国次要危险性：

联合国包装类别：—

安全储运：

储存于阴凉、通风的库房。远离火种、热源。库温不宜超过35℃。包装密封。应与氧化剂分开存放，切忌混储。采用防爆型照明、通风设施。禁止使用易产生火花的机械设备和工具。储区应备有合适的材料收容泄漏物。

运输时运输车辆应配备相应品种和数量的消防器材及泄漏应急处理设备。装运本品的车辆排气管须有阻火装置。运输过程中要确保容器不泄漏、不倒塌、不坠落、不损坏。严禁与氧化剂、食用化学品等混装混运。运输途中应防曝晒、雨淋，防高温。中途停留时应远离火种、热源。车辆运输完毕应进行彻底清扫。铁路运输时要禁止溜放。

紧急处置信息

急救措施：

吸入：迅速脱离现场至空气新鲜处。保持呼吸道通畅。如呼吸困难，给输氧。呼吸、心跳停止，立即进行心肺复苏术。就医。

皮肤接触：立即脱去污染的衣着，用肥皂水和清水彻底冲洗。就医。

眼睛接触：立即分开眼睑，用流动清水或生理盐水彻底冲洗。就医。

食入：催吐(仅限于清醒者)，给服活性炭悬液。就医。

灭火方法：

消防人员须佩戴防毒面具、穿全身消防服，在上风向灭火。尽可能将容器从火场移至空旷处。喷水保持火场容器冷却，直至灭火结束。

灭火剂：用水、泡沫、二氧化碳、干粉、砂土灭火。

泄漏应急处置：

消除所有点火源。隔离泄漏污染区，限制出入。建议应急处理人员戴防尘口罩，穿防毒、防静电服，戴防毒物渗透手套。禁止接触或跨越泄漏物。尽可能切断泄漏源。

小量泄漏：用惰性、湿润的不燃材料吸收泄漏物，用洁净的无火花工具收集于一盖子较松的塑料容器中，待处理。防止泄漏物进入水体、下水道、地下室或有限空间。在专家指导下清除。

57. 汽油[闪点<-18℃]

化学品标识信息

中文名称：汽油[闪点<-18℃]

别名：

英文名称：gasoline；petrol

CAS 号：86290-81-5　　**UN 号：**1203

主要用途：主要用作汽油机的燃料，可用于橡胶、制鞋、印刷、制革、颜料等行业，也可用作机械零件的去污剂。

理化特性

物理状态、外观：无色或浅黄色透明液体，易挥发，具有典型的石油烃气味。

爆炸下限[%(V/V)]：1.3

爆炸上限[%(V/V)]：7.6

熔点(℃)：-95.4~-90.5

沸点(℃)：25~220

相对密度(水=1)：0.70~0.80

相对蒸气密度(空气=1)：3~4

饱和蒸气压(kPa)：40.5~91.2(37.8℃)

危险性概述

危险性说明：高度易燃液体和蒸气，可造成遗传性缺陷，怀疑致癌，吞咽及进入呼吸道可能致命，对水生生物有毒并具有长期持续影响。

危险性类别：易燃液体，类别 2；生殖细胞致突变性，类别 1B；致癌性，类别 2；吸入危害，类别 1；危害水生环境-急性危害，类别2；危害水生环境-长期危害，类别2。

象形图：

警示词：危险。

物理化学危险性：高度易燃，其蒸气与空气混合，能形成爆炸性混合物。

健康危害：

汽油为麻醉性毒物，急性汽油中毒主要引起中枢神经系统和呼吸系统损害。

急性中毒：吸入汽油蒸气后，轻度中毒出现头痛、头晕、恶心、呕吐、步态不稳、视力模糊、烦躁、哭笑无常、兴奋不安、轻度意识障碍等。重度中毒出现中度或重度意识障碍、化学性肺炎、反射性呼吸停止。汽油液体被吸入呼吸道后引起吸入性肺炎，出现剧烈咳嗽、胸痛、咯血、发热、呼吸困难、紫绀。如汽油液体进入消化道，表现为频繁呕吐、胸骨后灼热感、腹痛、腹泻、肝脏肿大及压痛。皮肤浸泡或浸渍于汽油时间较长后，受浸皮肤出现水疱、表皮破碎脱落，呈浅Ⅱ度灼伤。个别敏感者可发生急性皮炎。

慢性中毒：表现为神经衰弱综合征、植物神经功能紊乱、周围神经病。严重中毒出现中毒性脑病、中毒性精神病、类精神分裂症、中毒性周围神经病所致肢体瘫痪。可引起肾脏损害。长期接触汽油可引起血中白细胞等血细胞的减少，其原因是汽油内苯含较高，其临床表现同慢性苯中毒。皮肤损害可见皮肤干燥、皲裂、角化、毛囊炎、慢性湿疹、指甲变厚和凹陷。严重者可引起剥脱性皮炎。

侵入途径：吸入、食入、经皮吸收。

职业接触限值：

中国：PC-TWA　300mg/m^3(溶剂汽油)。

美国(ACGIH)：TLV-TWA　300ppm；TLV-STEL 500ppm。

包装与储运

联合国危险性类别：3

联合国次要危险性：

联合国包装类别：Ⅱ类

安全储运：

用储罐、铁桶等容器盛装，盛装时，切不可充满，要留出必要的安全空间。桶装汽油储存于阴凉、通风的库房。远离火种、热源，炎热季节应采取喷淋、通风等降温措施。库温不宜超过29℃，保持容器密封。应与氧化剂分开存放，切忌混储。采用防爆型照明、通风设施。禁止使用易产生火花的机械设备和工具。储区应备有泄漏应急处理设备和合适的收容材料。罐储时要有防火防爆技术措施。充装时流速不超过3m/s，且有接地装置，防止静电积聚。

本品铁路运输时限使用钢制企业自备罐车装运，装运前需报有关部门批准。运输时运输车辆应配备相应品种和数量的消防器材及泄漏应急处理设备。夏季最好早晚运输。运输时所用的槽(罐)车应有接地链，槽内可设孔隔板以减少震荡产生静电。严禁与氧化剂等混装混运。运输途中应防曝晒、雨淋，防高温。中途停留时应远离火种、热源、高温区。装运该物品的车辆排气管必须配备阻火装置，禁止使用易产生火花的机械设备和工具装卸。公路运输时要按规定路线行驶，勿在居民区和人口稠密区停留。铁路运输时要禁止溜放。严禁用木船、水泥船散装运输。

紧急处置信息

急救措施：

吸入：迅速脱离现场至空气新鲜处。保持呼吸道通畅。如呼吸困难，给输氧。呼吸、心跳停止，立即进行心肺复苏术。就医。

皮肤接触：立即脱去污染的衣着，用流动清水彻底冲洗。就医。

眼睛接触：立即分开眼睑，用流动清水或生理盐水彻底冲洗。就医。

食入：漱口，饮水。禁止催吐。就医。

灭火方法：

消防人员必须佩戴空气呼吸器、穿全身防火防毒服，在上风向灭火。喷水冷却容器，可能的话将容器从火场移至空旷处。容器突然发出异常声音或出现异常现象，应立即撤离。

灭火剂：用泡沫、干粉、二氧化碳灭火。

泄漏应急处置：

消除所有点火源。根据液体流动和蒸气扩散的影响区域划定警戒区，无关人员从侧风、上风向撤离至安全区。建议应急处理人员戴正压自给式呼吸器，穿防毒、防静电服，戴橡胶耐油手套。作业时使用的所有设备应接地。禁止接触或跨越泄漏物。尽可能切断泄漏源。防止泄漏物进入水体、下水道、地下室或有限空间。

小量泄漏：用砂土或其他不燃材料吸收。使用洁净的无火花工具收集吸收材料。

大量泄漏：构筑围堤或挖坑收容。用泡沫覆盖，减少蒸发。喷水雾能减少蒸发，但不能降低泄漏物在有限空间内的易燃性。用防爆泵转移至槽车或专用收集器内。

58. 氢[压缩的]

化学品标识信息

中文名称： 氢[压缩的]　　**别名：** 氢气

英文名称： hydrogen(compressed)

CAS 号： 1333-74-0

UN 号： 1049(压缩)

主要用途： 用于合成氨和甲醇，石油精制，有机物氢化及用作火箭燃料等。

理化特性

物理状态： 无色无味气体

爆炸上限： 75

爆炸下限： 4.1

熔点(℃)： -259.2

沸点(℃)： -252.8

相对蒸气密度(空气=1)： 0.07

相对密度(水=1)： 0.07(-252℃)

饱和蒸气压(kPa)： 13.33(-257.9℃)

燃烧热(kJ/mol)： 241.0

危险性概述

危险性说明： 极易燃气体，内装加压气体；遇热可能爆炸。

危险性类别： 易燃气体，类别 1；加压气体，压缩气体。

象形图： 

警告词： 危险。

物理、化学危险性： 极易燃，与空气混合能形成爆炸性混合物。

健康危害：

本品在生理学上是惰性气体，仅在高浓度时，由于空气中氧分压降低才引起窒息。在很高的分压下，氢气可呈现出麻醉作用。

缺氧性窒息发生后，轻者表现为心悸、气促、头昏、头痛、无力、眩晕、恶心、呕吐、耳鸣、视力模糊、思维判断能力下降等缺氧表现。重者除表现为上述症状外，很快发生精神错乱、意识障碍，甚至呼吸、循环衰竭。液氢可引起冻伤。

侵入途径： 吸入。

职业接触限值：

中国：未制定标准。

美国(ACGIH)：未制定标准。

包装与储运

联合国危险性类别： 2.1

联合国次要危险性： —

联合国包装类别： —

安全储运：

储存于阴凉、通风的易燃气体专用库房。远离火种、热源。库温不宜超过30℃。应与氧化剂、卤素分开存放，切忌混储。采用防爆型照明、通风设施。禁止使用易产生火花的机械设备和工具。储区应备有泄漏应急处理设备。

采用钢瓶运输时必须戴好钢瓶上的安全帽。钢瓶一般平放，并应将瓶口朝同一方向，不可交叉；高度不得超过车辆的防护栏板，并用三角木垫卡牢，防止滚

动。运输时运输车辆应配备相应品种和数量的消防器材。装运该物品的车辆排气管必须配备阻火装置，禁止使用易产生火花的机械设备和工具装卸。严禁与氧化剂、卤素等混装混运。夏季应早晚运输，防止日光曝晒。中途停留时应远离火种、热源。公路运输时要按规定路线行驶，勿在居民区和人口稠密区停留。铁路运输时要禁止溜放。

紧急处置信息

急救措施：

吸入：迅速脱离现场至空气新鲜处。保持呼吸道通畅。如呼吸困难，给输氧。呼吸、心跳停止，立即进行心肺复苏术。就医。

皮肤接触：如发生冻伤，用温水(38~42℃)复温，忌用热水或辐射热，不要揉搓。就医。

灭火方法：

切断气源。若不能切断气源，则不允许熄灭泄漏处的火焰。消防人员必须佩戴空气呼吸器、穿全身防火防毒服，在上风向灭火。尽可能将容器从火场移至空旷处。喷水保持火场容器冷却，直至灭火结束。

灭火剂：用雾状水、泡沫、二氧化碳、干粉灭火。

泄漏应急处置：

消除所有点火源。根据气体扩散的影响区域划定警戒区，无关人员从侧风、上风向撤离至安全区。建议应急处理人员戴正压自给式呼吸器，穿防静电服。作业时使用的所有设备应接地。尽可能切断泄漏源。喷雾状水抑制蒸气或改变蒸气云流向。防止气体通过下水道、通风系统和有限空间扩散。隔离泄漏区直至气体散尽。

59. 氢氧化钠

化学品标识信息

中文名称： 氢氧化钠 **别名：** 苛性钠；烧碱

英文名称： sodium hydroxide；caustic soda

CAS 号： 1310-73-2

UN 号： 1823；1824[溶液]

主要用途： 广泛用作中和剂，用于制造各种钠盐、肥皂、纸浆，整理棉织品、丝、黏胶纤维，橡胶制品的再生，金属清洗，电镀，漂白等。

理化特性

物理状态、外观： 纯品为无色透明晶体。吸湿性强。

熔点(℃)： 318.4

沸点(℃)： 1390

相对密度(水=1)： 2.13

饱和蒸气压(kPa)： 0.13(739℃)

临界压力(MPa)： 25

辛醇/水分配系数： -3.88

pH 值： 12.7(1%溶液)

危险性概述

危险性说明： 造成严重的皮肤灼伤和眼损伤，对水生生物有害。

危险性类别： 皮肤腐蚀/刺激，类别 1A；严重眼损伤/眼刺激，类别 1；危害水生环境-急性危害，类别 3。

象形图：

警示词：危险。

物理化学危险性：不燃，无特殊燃爆特性。

健康危害：本品有强烈刺激和腐蚀性。粉尘刺激眼和呼吸道，腐蚀鼻中隔；皮肤和眼直接接触可引起灼伤；误服可造成消化道灼伤，黏膜糜烂、出血和休克。

侵入途径：吸入、食入。

职业接触限值：

中国：MAC　2mg/m^3。

美国(ACGIH)：TLV-C　2mg/m^3。

包装与储运

联合国危险性类别：8

联合国次要危险性：

联合国包装类别：Ⅱ类

安全储运：

储存于阴凉、干燥、通风良好的库房。远离火种、热源。库温不超过35℃，相对湿度不超过80%。包装必须密封，切勿受潮。应与易(可)燃物、酸类等分开存放，切忌混储。储区应备有合适的材料收容泄漏物。

铁路运输时，钢桶包装的可用敞车运输。起运时包装要完整，装载应稳妥。运输过程中要确保容器不泄漏、不倒塌、不坠落、不损坏。严禁与易燃物或可燃物、酸类、食用化学品等混装混运。运输时运输车辆应配备泄漏应急处理设备。

紧急处置信息

急救措施：

吸入：迅速脱离现场至空气新鲜处。保持呼吸道通畅。

如呼吸困难，给输氧。呼吸、心跳停止，立即进行心肺复苏术。就医。

皮肤接触：立即脱去污染的衣着，用大量流动清水彻底冲洗至少 15min。就医。

眼睛接触：立即分开眼睑，用流动清水或生理盐水彻底冲洗 5~10min。就医。

食入：用水漱口，禁止催吐。给饮牛奶或蛋清。就医。

灭火方法：

消防人员必须穿全身耐酸碱消防服、佩戴空气呼吸器灭火。尽可能将容器从火场移至空旷处。喷水保持火场容器冷却，直至灭火结束。

灭火剂：本品不燃。根据着火原因选择适当灭火剂灭火。

泄漏应急处置：

隔离泄漏污染区，限制出入。建议应急处理人员戴防尘口罩，穿防酸碱服，戴橡胶耐酸碱手套。穿上适当的防护服前严禁接触破裂的容器和泄漏物。尽可能切断泄漏源。用塑料布覆盖泄漏物，减少飞散。勿使水进入包装容器内。用洁净的铲子收集泄漏物，置于干净、干燥、盖子较松的容器中，将容器移离泄漏区。

60. 氰化钠

化学品标识信息

中文名称：氰化钠　　**别名：**山奈；山奈钠

英文名称：sodium cyanide

CAS 号：143-33-9　　**UN 号：**1689；3414(溶液)

主要用途：用于提炼金、银等贵重金属和淬火，并用于塑料、农药、医药、染料等有机合成工业。

理化特性

物理状态、外观：白色或略带颜色的块状或结晶状颗粒，有微弱的苦杏仁味。

熔点(℃)：563.7

沸点(℃)：1496

相对密度(水=1)：1.596

饱和蒸气压(kPa)：0.13(817℃)

黏度(mPa·s)：4(30℃，26%水溶液)

辛醇/水分配系数：-1.69

危险性概述

危险性说明：吞咽致命，皮肤接触会致命，造成轻微皮肤刺激，造成严重眼刺激，怀疑对生育力或胎儿造成伤害，长时间或反复接触对器官造成损伤，对水生生物毒性非常大并具有长期持续影响。

危险性类别：急性毒性-经口，类别 2；急性毒性-经皮，类别 1；皮肤腐蚀/刺激，类别 3；严重眼损伤/眼刺激，类别 2；生殖毒性，类别 2；特异性靶器官毒性-反复接触，类别 1；危害水生环境-急性危害，类别 1；危害水生环境-长期危害，类别 1。

象形图：  

警示词： 危险。

物理化学危险性： 遇酸产生剧毒气体。

健康危害：

抑制呼吸酶，造成细胞内窒息。吸入、口服或经皮吸收均可引起急性中毒。

急性中毒：生产中，可因在热处理时吸入氰化钠蒸气或室温下吸入粉尘而引起中毒。口服 50～100mg 即可引起猝死。

非骤死者临床分为 4 期：前驱期有黏膜刺激、呼吸加快加深、乏力、头痛；口服有舌尖、口腔发麻等。呼吸困难期有呼吸困难、血压升高、皮肤黏膜呈鲜红色等。惊厥期出现抽搐、昏迷、呼吸衰竭。麻痹期全身肌肉松弛，呼吸心跳停止而死亡。

慢性影响：长期接触小量氰化物出现神经衰弱综合征、眼及上呼吸道刺激。可引起皮疹。

侵入途径： 吸入、食入、经皮吸收。

职业接触限值：

中国：MAC 1mg/m^3[按 CN 计][皮]。

美国(ACGIH)：TLV-C 5mg/m^3[按 CN 计][皮]。

包装与储运

联合国危险性类别： 6.1

联合国次要危险性：

联合国包装类别： Ⅰ类；Ⅰ类或Ⅱ类或Ⅲ类包装(溶液)

安全储运：

储存于阴凉、干燥、通风良好的专用库房内。实行“双人收发、双人保管”制度。远离火种、热源。库内相对湿度不超过80%。包装密封。应与氧化剂、酸类、食用化学品分开存放，切忌混储。储区应备有合适的材料收容泄漏物。

运输前应先检查包装容器是否完整、密封，运输过程中要确保容器不泄漏、不倒塌、不坠落、不损坏。严禁与酸类、氧化剂、食品及食品添加剂混运。运输时运输车辆应配备泄漏应急处理设备。运输途中应防曝晒、雨淋，防高温。公路运输时要按规定路线行驶，禁止在居民区和人口稠密区停留。

紧急处置信息

急救措施：

吸入：迅速脱离现场至空气新鲜处。保持呼吸道通畅。如呼吸困难，给输氧。呼吸、心跳停止，立即进行心肺复苏术(禁止口对口进行人工呼吸)。就医。

皮肤接触：立即脱去污染的衣着，用肥皂水和流动清水彻底冲洗。就医。

眼睛接触：立即分开眼睑，用大量流动清水或生理盐水彻底冲洗10~15min。就医。

食入：如患者神志清醒，催吐，洗胃。就医。

灭火方法：

发生火灾时应尽量抢救商品，防止包装破损，引起环境污染。消防人员必须佩戴空气呼吸器、穿全身防火防毒服，在上风向灭火。喷水保持火场容器冷却，直至灭火结束。禁止使用酸碱灭火剂。

灭火剂：本品不燃。根据着火原因选择适当灭火剂灭火。

泄漏应急处置：

隔离泄漏污染区，限制出入。建议应急处理人员戴防尘口罩，穿防毒服，戴橡胶手套。穿上适当的防护服前严禁接触破裂的容器和泄漏物。尽可能切断泄漏源。

小量泄漏：用干燥的砂土或其他不燃材料覆盖泄漏物，然后用塑料布覆盖，减少飞散、避免雨淋。用洁净的铲子收集泄漏物，置于干净、干燥、盖子较松的容器中，将容器移离泄漏区。

61. 氰化氢

化学品标识信息

中文名称： 氰化氢

别名： 氢氰酸[无水]

英文名称： hydrogen cyanide

CAS 号： 74-90-8

U N 号： 1051(含水低于 3%)；1614(含水低于 3%，被多孔惰性材料吸收)

主要用途： 用于丙烯腈和丙烯酸树脂及农药杀虫剂的制造。

理化特性

物理状态： 无色液体或气体，有苦杏仁味。

爆炸上限[%(V/V)]： 40.0

爆炸下限[%(V/V)]： 5.6

熔点(℃)： -13.2

沸点(℃)： 25.7

相对蒸气密度(空气=1)： 0.93

相对密度(水=1)： 0.69

饱和蒸气压(kPa)： 82.46(20℃)

临界压力(MPa)： 4.95

辛醇/水分配系数： -0.25

闪点(℃)： -17.8

自燃温度(℃)： 538

临界温度(℃)： 183.5

危险性概述

危险性说明： 极易燃液体和蒸气，吸入致命，对水生生物毒性非常大并具有长期持续影响。

危险性类别： 易燃液体，类别 1；急性毒性-吸入，类别 2；危害水生环境-急性危害，类别 1；危害水生环境-长期危害，类别 1。

象形图：  

警告词： 危险。

物理、化学危险性： 极易燃，其蒸气与空气混合，能形成爆炸性混合物。

健康危害： 抑制呼吸酶，造成细胞内窒息。

急性中毒：短时间内吸入高浓度氰化氢气体，可立即呼吸停止而死亡。

非骤死者临床分为 4 期：前驱期有黏膜刺激、呼吸加快加深、乏力、头痛；口服有舌尖、口腔发麻等。呼吸困难期有呼吸困难、血压升高、皮肤黏膜呈鲜红色等。惊厥期出现抽搐、昏迷、呼吸衰竭。麻痹期全身肌肉松弛，呼吸心跳停止而死亡。可致眼、皮肤灼伤，吸收引起中毒。

慢性影响：神经衰弱综合征、皮炎。

侵入途径： 吸入。

职业接触限值：

中国：MAC 1mg/m^3[按 CN 计][皮]。

美国(ACGIH)：TLV-C 4.7ppm[按 CN 计][皮]。

包装与储运

联合国危险性类别： 6.1(含水低于 3%)

联合国次要危险性：3(含水低于 3%)

联合国包装类别： Ⅰ类

安全储运：

储存于阴凉、通风良好的专用库房内，实行“双人收发、双人保管”制度。远离火种、热源。避免光照。库温不宜超过 30℃。包装要求密封，不可与空气接触。应与氧化剂、酸类、碱类、食用化学品分开存放，切忌混储。采用防爆型照明、通风设施。禁止使用易产生火花的机械设备和工具。储区应备有泄漏应急处理设备。

运输前应先检查包装容器是否完整、密封，运输过程中要确保容器不泄漏、不倒塌、不坠落、不损坏。严禁与酸类、氧化剂、食品及食品添加剂混运。运输时运输车辆应配备相应品种和数量的消防器材及泄漏应急处理设备。运输途中应防曝晒、雨淋，防高温。运输时所用的槽(罐)车应有接地链，槽内可设孔隔板以减少震荡产生静电。中途停留时应远离火种、热源。公路运输时要按规定路线行驶，禁止在居民区和人口稠密区停留。

紧急处置信息

急救措施：

吸入：迅速脱离现场至空气新鲜处。保持呼吸道通畅。如呼吸困难，给输氧。呼吸、心跳停止，立即进行心肺复苏术(禁止口对口进行人工呼吸)。就医。

皮肤接触：立即脱去污染的衣着，用肥皂水和流动清水彻底冲洗。就医。

眼睛接触：立即分开眼睑，用大量流动清水或生理盐水彻底冲洗 10~15min。就医。

食入：如患者神志清醒，催吐，洗胃。就医。

灭火方法：

切断气源。若不能切断气源，则不允许熄灭泄漏处的火焰。消防人员必须穿戴全身专用防护服，佩戴空气呼吸器，在安全距离以外或有防护措施处操作。用水灭火无效，但须用水保持火场容器冷却。

灭火剂：用干粉、抗溶性泡沫、二氧化碳灭火。用雾状水驱散蒸气。

泄漏应急处置：

消除所有点火源。根据气体扩散的影响区域划定警戒区，无关人员从侧风、上风向撤离至安全区。建议应急处理人员戴正压自给式呼吸器，穿防毒、防静电服，戴橡胶手套。作业时使用的所有设备应接地。禁止接触或跨越泄漏物。尽可能切断泄漏源。喷雾状水抑制蒸气或改变蒸气云流向，避免水流接触泄漏物。禁止用水直接冲击泄漏物或泄漏源。防止气体通过下水道、通风系统和有限空间扩散。隔离泄漏区直至气体散尽。可考虑引燃漏出气，以消除有毒气体的影响。

62. 三氟化硼

化学品标识信息

中文名称：三氟化硼

别名：氟化硼

英文名称：boron trifluoride；boron fluoride

CAS 号：7637-07-2　　**UN 号：**1008

主要用途：用作有机合成中的催化剂，也用于制造火箭的高能燃料。

理化特性

物理状态、外观：无色气体，有窒息性，在潮湿空气中可产生浓密白烟。

熔点(℃)：126.8

沸点(℃)：100

相对密度(水=1)：1.6(液体)

相对蒸气密度(空气=1)：2.38

饱和蒸气压(kPa)：1013.25(-58℃)

危险性概述

危险性说明：内装加压气体；遇热可能爆炸，吸入致命，造成严重的皮肤灼伤和眼损伤。

危险性类别：加压气体；急性毒性-吸入，类别 2；皮肤腐蚀/刺激，类别 1A；严重眼损伤/眼刺激，类别 1。

象形图：  

警示词：危险。

物理化学危险性：不燃，无特殊燃爆特性。遇水发生爆炸性分解。加热或与湿空气接触会分解形成有毒和腐蚀性的烟(氟化氢)。

健康危害：急性中毒主要症状有干咳、气急、胸闷、胸部紧迫感；部分患者出现恶心、食欲减退、流涎；吸入量多时，有震颤及抽搐，亦可引起肺炎。眼和皮肤接触可致灼伤。

侵入途径：吸入。

职业接触限值：

中国：MAC 3mg/m^3。

美国(ACGIH)：TLV-C 1ppm；TLV-TWA 2.5mg/m^3 [按F计]。

包装与储运

联合国危险性类别：8

联合国次要危险性：2.3

联合国包装类别： Ⅰ类

安全储运：

储存于阴凉、干燥、通风的有毒气体专用库房。远离火种、热源。库温控制到2~8℃。应与氧化剂、酸类、食用化学品分开存放，切忌混储。沿地面通风。采用防爆型照明、通风设施。禁止使用易产生火花的机械设备和工具。储区应备有泄漏应急处理设备。起运时包装要完整，装载应稳妥。运输过程中要确保容器不泄漏、不倒塌、不坠落、不损坏。严禁与氧化剂、酸类、食用化学品等混装混运。运输时运输车辆应配备泄漏应急处理设备。运输途中应防曝晒、雨淋，防高温。公路运输时要按规定路线行驶，勿在居民区和人口稠密区停留。

紧急处置信息

急救措施：

吸入：迅速脱离现场至空气新鲜处。保持呼吸道通畅。如呼吸困难，给输氧。呼吸、心跳停止，立即进行心肺复苏术。就医。

皮肤接触：立即脱去污染的衣着，用大量流动清水彻底冲洗至少 15min。就医。

眼睛接触：立即分开眼睑，用流动清水或生理盐水彻底冲洗 5~10min。就医。

灭火方法：

消防人员须佩戴防毒面具、穿全身消防服，在上风向灭火。切断气源。喷水冷却容器，可能的话将容器从火场移至空旷处。火场中有大量本品泄漏物时，禁用水、泡沫和酸碱灭火剂。

灭火剂：用干粉、二氧化碳、干燥砂土灭火。

泄漏应急处置：

根据气体扩散的影响区域划定警戒区，无关人员从侧风、上风向撤离至安全区。建议应急处理人员戴正压自给式呼吸器，穿防酸碱服，戴橡胶耐酸碱手套。穿上适当的防护服前严禁接触破裂的容器和泄漏物。尽可能切断泄漏源。喷雾状水抑制蒸气或改变蒸气云流向，避免水流接触泄漏物。禁止用水直接冲击泄漏物或泄漏源。隔离泄漏区直至气体散尽。

63. 三氯化磷

化学品标识信息

中文名称： 三氯化磷　　**别名：**

英文名称： phosphorus trichloride；trichlorophosphine

CAS 号： 7719-12-2　　**UN 号：** 1809

主要用途： 用于制造有机磷化合物，也用作试剂等。

理化特性

物理状态、外观： 无色澄清液体，在潮湿空气中发烟。

熔点(℃)： -111.8

沸点(℃)： 76

相对密度(水=1)： 1.57(21℃)

相对蒸气密度(空气=1)： 4.75

饱和蒸气压(kPa)： 13.33(21℃)

临界压力(MPa)： 5.67

辛醇/水分配系数： 2.01

黏度(mPa·s)： 0.65(0℃)

危险性概述

危险性说明： 吞咽致命，吸入致命，造成严重的皮肤灼伤和眼损伤，长时间或反复接触可能对器官造成损伤。

危险性类别： 急性毒性-经口，类别 2；急性毒性-吸入，类别 2；皮肤腐蚀/刺激，类别 1A；严重眼损伤/眼刺激，类别 1；特异性靶器官毒性-反复接触，类别 2。

象形图：

警示词：危险。

物理化学危险性：不燃，无特殊燃爆特性。遇水剧烈反应，产生有毒气体。

健康危害：

三氯化磷在空气中可生成盐酸雾。对皮肤、黏膜有刺激腐蚀作用。短期内吸入大量蒸气可引起上呼吸道刺激症状，出现咽喉炎、支气管炎，严重者可发生喉头水肿致窒息、肺炎或肺水肿。皮肤及眼接触，可引起刺激症状或灼伤。严重眼灼伤可致失明。

慢性影响：长期低浓度接触可引起眼及呼吸道刺激症状。可引起磷毒性口腔病。

侵入途径：吸入、食入、经皮吸收。

职业接触限值：

中国：PC-TWA　$1mg/m^3$；PC-STEL　$2mg/m^3$。

美国（ACGIH）：TLV-TWA　0.2ppm；TLV-STEL　0.5ppm。

包装与储运

联合国危险性类别：6.1

联合国次要危险性：8

联合国包装类别： Ⅰ类

安全储运：

储存于阴凉、干燥、通风良好的专用库房内。远离火种、热源。库温不超过30℃，相对湿度不超过75%。包装必须密封，切勿受潮。应与氧化剂、酸类、碱类、食用化学品分开存放，切忌混储。不宜久存，以免变质。储区应备有泄漏应急处理设备和合适的收容材料。

起运时包装要完整，装载应稳妥。运输过程中要确保容器不泄漏、不倒塌、不坠落、不损坏。严禁与氧化剂、酸类、碱类、食用化学品等混装混运。运输时运输车辆应配备泄漏应急处理设备。运输途中应防曝晒、雨淋，防高温。公路运输时要按规定路线行驶，勿在居民区和人口稠密区停留。

紧急处置信息

急救措施：

吸入：迅速脱离现场至空气新鲜处。保持呼吸道通畅。如呼吸困难，给输氧。呼吸、心跳停止，立即进行心肺复苏术。就医。

皮肤接触：立即脱去污染的衣着，用大量流动清水彻底冲洗至少 15min。就医。

眼睛接触：立即分开眼睑，用流动清水或生理盐水彻底冲洗 5~10min。就医。

食入：用水漱口，禁止催吐。给饮牛奶或蛋清。就医。

灭火方法：

消防人员必须佩戴空气呼吸器、穿全身防火防毒服，在上风向灭火。尽可能将容器从火场移至空旷处。喷水保持火场容器冷却，直至灭火结束。禁止用水和泡沫灭火。

灭火剂：用干粉、二氧化碳、干燥砂土灭火。

泄漏应急处置：

根据液体流动和蒸气扩散的影响区域划定警戒区，无关人员从侧风、上风向撤离至安全区。建议应急处理人员戴正压自给式呼吸器，穿防酸碱服，戴橡胶耐酸碱手套。穿上适当的防护服前严禁接触破裂的容器和泄漏物。尽可能切断泄漏源。勿使泄漏物与可燃物质(如木材、纸、油等)接触。防止泄漏物进入水体、下水道、地下室或有限空间。

小量泄漏：用干燥的砂土或其他不燃材料覆盖泄漏物，用洁净的无火花工具收集泄漏物，置于一盖子较松的塑料容器中，待处置。

大量泄漏：构筑围堤或挖坑收容。用砂土、惰性物质或蛭石吸收大量液体。用石灰(CaO)、碎石灰石($CaCO_3$)或碳酸氢钠($NaHCO_3$)中和。用耐腐蚀泵转移至槽车或专用收集器内。

64. 三氯甲烷

化学品标识信息

中文名称：三氯甲烷　　**别名：**氯仿

英文名称：trichloromethane；chloroform

CAS 号：67-66-3　　**UN 号：**1888

主要用途：用于有机合成，用作溶剂及麻醉剂等。

理化特性

物理状态、外观：无色透明重质液体，极易挥发，有特殊气味。

熔点(℃)：-63.5

沸点(℃)：61.3

相对密度(水=1)：1.50

相对蒸气密度(空气=1)：4.12

饱和蒸气压(kPa)：21.2(20℃)

临界温度(℃)：263.4

临界压力(MPa)：5.47

辛醇/水分配系数：1.97

黏度(mPa·s)：0.563(20℃)

危险性概述

危险性说明：吞咽有害，吸入会中毒，造成皮肤刺激，造成严重眼刺激，怀疑致癌，怀疑对生育力或胎儿造成伤害，长时间或反复接触对器官造成损伤，对水生生物有害。

危险性类别：急性毒性-吸入，类别3；急性毒性-经口，类别4；皮肤腐蚀/刺激，类别2；严重眼损伤/

眼刺激，类别 2；致癌性，类别 2；生殖毒性，类别 2；特异性靶器官毒性-反复接触，类别 1；危害水生环境-急性危害，类别 3。

象形图：

警示词：危险。

物理化学危险性：不燃，无特殊燃爆特性。

健康危害：

主要作用于中枢神经系统，具有麻醉作用，对心、肝、肾有损害。

急性中毒：吸入或经皮肤吸收引起急性中毒。初期有头痛、头晕、恶心、呕吐、兴奋、皮肤湿热和黏膜刺激症状。以后呈现精神紊乱、呼吸表浅、反射消失、昏迷等，重者发生呼吸麻痹、心室纤维性颤动。同时可伴有肝、肾损害。误服中毒时，胃有烧灼感，伴恶心、呕吐、腹痛、腹泻。以后出现麻醉症状。液态可致皮炎、湿疹，甚至皮肤灼伤。

慢性影响：主要引起肝脏损害，并有消化不良、乏力、头痛、失眠等症状，少数有肾损害及嗜氯仿癖。

侵入途径：吸入、食入、经皮吸收。

职业接触限值：

中国：PC-TWA 20mg/m^3 [G2B]。

美国(ACGIH)：TLV-TWA 10ppm。

包装与储运

联合国危险性类别：6.1

联合国次要危险性：

联合国包装类别：Ⅲ类

安全储运：

储存于阴凉、通风的库房。远离火种、热源。库温不超过35℃，相对湿度不超过85%。保持容器密封。应与碱类、铝、食用化学品分开存放，切忌混储。储区应备有泄漏应急处理设备和合适的收容材料。

运输前应先检查包装容器是否完整、密封，运输过程中要确保容器不泄漏、不倒塌、不坠落、不损坏。严禁与酸类、氧化剂、食品及食品添加剂混运。运输时运输车辆应配备泄漏应急处理设备。运输途中应防曝晒、雨淋，防高温。公路运输时要按规定路线行驶，勿在居民区和人口稠密区停留。本品属第二类易制毒化学品，托运时，须持有运出地县级人民政府公安机关审批的、有效期为3个月的易制毒化学品运输许可证。

紧急处置信息

急救措施：

吸入：迅速脱离现场至空气新鲜处。保持呼吸道通畅。如呼吸困难，给输氧。呼吸、心跳停止，立即进行心肺复苏术。就医。

皮肤接触：立即脱去污染的衣着，用流动清水彻底冲洗。就医。

眼睛接触：立即分开眼睑，用流动清水或生理盐水彻底冲洗。就医。

食入：漱口，饮水。就医。

灭火方法：

消防人员必须佩戴空气呼吸器、穿全身防火防毒服，在上风向灭火。尽可能将容器从火场移至空旷处。喷水保持火场容器冷却，直至灭火结束。容器突然发出异常声音或出现异常现象，应立即撤离。

灭火剂：用雾状水、二氧化碳、砂土灭火。

泄漏应急处置：

根据液体流动和蒸气扩散的影响区域划定警戒区，无关人员从侧风、上风向撤离至安全区。建议应急处理人员戴正压自给式呼吸器，穿防毒服，戴防化学品手套。穿上适当的防护服前严禁接触破裂的容器和泄漏物。尽可能切断泄漏源。防止泄漏物进入水体、下水道、地下室或有限空间。

小量泄漏：用干燥的砂土或其他不燃材料吸收或覆盖，收集于容器中。

大量泄漏：构筑围堤或挖坑收容。用砂土、惰性物质或蛭石吸收大量液体。用泵转移至槽车或专用收集器内。

65. 三氧化硫

化学品标识信息

中文名称：三氧化硫　　　**别名：**硫酸酐

英文名称：sulfur trioxide；sulfuric anhydride

CAS 号：7446-11-9　　　**UN 号：**1829

主要用途：有机合成用磺化剂。

理化特性

物理状态：针状固体或液体，有刺激性气味。

熔点(℃)：16.8

沸点(℃)：44.8

相对蒸气密度(空气=1)：2.8

相对密度(水=1)：1.9224

饱和蒸气压(kPa)：37.3(25℃)

分解温度(℃)：217.85

危险性概述

危险性说明：造成严重的皮肤灼伤和眼损伤，可能引起呼吸道刺激，对水生生物有害。

危险性类别：皮肤腐蚀/刺激，类别 1A；严重眼损伤/眼刺激，类别 1；特异性靶器官毒性--一次接触，类别 3（呼吸道刺激）；危害水生环境-急性危害，类别 3。

象形图：

警告词：危险。

物理、化学危险性：不燃，无特殊燃爆特性。与可燃物接触易着火燃烧。遇水剧烈反应。

健康危害：

其毒性表现与硫酸同。对皮肤、黏膜等组织有强烈的刺激和腐蚀作用。可引起结膜炎、水肿。角膜混浊，以致失明；引起呼吸道刺激症状，重者发生呼吸困难和肺水肿；高浓度引起喉痉挛或声门水肿而死亡。口服后引起消化道的烧伤以至溃疡形成。严重者可能有胃穿孔、腹膜炎、喉痉挛和声门水肿、肾损害、休克等。

慢性影响有牙齿酸蚀症、慢性支气管炎、肺气肿和肝硬化等。

侵入途径：食入。

职业接触限值：

中国：PC-TWA　1mg/m^3；PC-STEL　2mg/m^3[G1]。

美国(ACGIH)：未制定标准。

包装与储运

联合国危险性类别：8

联合国次要危险性：—

联合国包装类别：Ⅰ类

安全储运：

储存于阴凉、干燥、通风良好的库房。远离火种、热源。保持容器密封。应与易(可)燃物、还原剂、碱类、活性金属粉末等分开存放，切忌混储。储区应备有泄漏应急处理设备和合适的收容材料。

起运时包装要完整，装载应稳妥。运输过程中要确保容器不泄漏、不倒塌、不坠落、不损坏。严禁与易燃物或可燃物、还原剂、碱类、活性金属粉末、食用化学品等混装混运。运输时运输车辆应配备泄漏应急处理设备。运输途中应防曝晒、雨淋，防高温。公路运输时要按规定路线行驶，勿在居民区和人口稠密区停留。

紧急处置信息

急救措施：

吸入：迅速脱离现场至空气新鲜处。保持呼吸道通畅。如呼吸困难，给输氧。呼吸、心跳停止，立即进行心肺复苏术。就医。

皮肤接触：立即脱去污染的衣着，用大量流动清水彻底冲洗至少 15min。就医。

眼睛接触：立即分开眼睑，用流动清水或生理盐水彻底冲洗 5~10min。就医。

食入：用水漱口，禁止催吐。给饮牛奶或蛋清。就医。

灭火方法：

消防人员必须佩戴空气呼吸器、穿全身防火防毒服，在上风向灭火。尽可能将容器从火场移至空旷处。喷水保持火场容器冷却，直至灭火结束。

灭火剂：灭火时尽量切断泄漏源，然后根据着火原因选择适当灭火剂灭火。

泄漏应急处置：

根据液体流动和蒸气扩散的影响区域划定警戒区，无关人员从侧风、上风向撤离至安全区。建议应急处理人员戴正压自给式呼吸器，穿防酸碱服。穿上适当的防护服前严禁接触破裂的容器和泄漏物。尽可能切断泄漏源。勿使泄漏物与可燃物质(如木材、纸、油等)接触。防止泄漏物进入水体、下水道、地下室或有限空间。

小量泄漏：用干燥的砂土或其他不燃材料覆盖泄漏物，用洁净的无火花工具收集泄漏物，置于一盖子较松的塑料容器中，待处置。

大量泄漏：构筑围堤或挖坑收容。用耐腐蚀泵转移至槽车或专用收集器内。

66. 石脑油

化学品标识信息

中文名称： 石脑油

别名： 粗汽油；轻汽油；化工轻油

英文名称： naphtha；petroleum naphtha；coal tar naphtha

CAS 号： 8030-30-6　　**UN 号：** 1268

主要用途： 用作化肥、乙烯生产和催化重整原料，也可用于生产溶剂油或作为汽油产品的调和组分。

理化特性

物理状态： 无色或浅黄色液体，有特殊气味。

爆炸上限： 5.9

爆炸下限： 1.1

熔点(℃)： <-72

沸点(℃)： 20~180

相对蒸气密度(空气=1)： >2.5

相对密度(水=1)： 0.63~0.76

危险性概述

危险性说明： 高度易燃液体和蒸气，可造成遗传性缺陷，吞咽及进入呼吸道可能致命，对水生生物有毒并具有长期持续影响。

危险性类别： 易燃液体，类别 2；生殖细胞致突变性，类别 1B；吸入危害，类别 1；危害水生环境-急性危害，类别 2；危害水生环境-长期危害，类别 2。

象形图：  

警告词：危险。

物理、化学危险性：高度易燃，其蒸气与空气混合，能形成爆炸性混合物。

健康危害：石脑油蒸气可引起眼及上呼吸道刺激症状，对中枢神经系统有抑制作用。高浓度接触出现头痛、头晕、恶心、气短、紫绀等。液态本品吸入呼吸道可引起吸入性肺炎。皮肤接触蒸气或液体可引起皮炎。

侵入途径：吸入。

职业接触限值：

中国：未制定标准。

美国(ACGIH)：TLV-TWA 400ppm。

包装与储运

联合国危险性类别：3

联合国次要危险性：—

联合国包装类别：Ⅱ类

安全储运：

用储罐储存。远离火种、热源。采用防爆型照明、通风设施。禁止使用易产生火花的机械设备和工具。储区应备有泄漏应急处理设备和合适的收容材料。

运输时运输车辆应配备相应品种和数量的消防器材及泄漏应急处理设备。夏季最好早晚运输。运输时所用的槽(罐)车应有接地链，槽内可设孔隔板以减少震荡产生静电。严禁与氧化剂、食用化学品等混装混运。运输途中应防曝晒、雨淋，防高温。中途停留时应远离火种、热源、高温区。装运该物品的车辆排气管必须配备阻火装置，禁止使用易产生火花的机械设备和工具装卸。公路运输时要按规定路线行驶，勿在居民区和人口稠密区停留。铁路运输时要禁止溜放。严禁用木船、水泥船散装运输。

紧急处置信息

急救措施：

吸入：迅速脱离现场至空气新鲜处。保持呼吸道通畅。如呼吸困难，给输氧。呼吸、心跳停止，立即进行心肺复苏术。就医。

皮肤接触：立即脱去污染的衣着，用流动清水彻底冲洗。就医。

眼睛接触：立即分开眼睑，用流动清水或生理盐水彻底冲洗。就医。

食入：漱口，饮水。禁止催吐。就医。

灭火方法：

消防人员必须佩戴空气呼吸器、穿全身防火防毒服，在上风向灭火。喷水冷却容器，可能的话将容器从火场移至空旷处。容器突然发出异常声音或出现异常现象，应立即撤离。用水灭火无效。

灭火剂：用泡沫、二氧化碳、干粉、砂土灭火。

泄漏应急处置：

消除所有点火源。根据液体流动和蒸气扩散的影响区域划定警戒区，无关人员从侧风、上风向撤离至安全区。建议应急处理人员戴正压自给式呼吸器，穿防静电服。作业时使用的所有设备应接地。禁止接触或跨越泄漏物。尽可能切断泄漏源。防止泄漏物进入水体、下水道、地下室或有限空间。

小量泄漏：用砂土或其他不燃材料吸收。使用洁净的无火花工具收集吸收材料。

大量泄漏：构筑围堤或挖坑收容。用砂土、惰性物质或蛭石吸收大量液体。用泡沫覆盖，减少蒸发。喷水雾能减少蒸发，但不能降低泄漏物在有限空间内的易燃性。用防爆泵转移至槽车或专用收集器内。

67. 四氯化钛

化学品标识信息

中文名称：四氯化钛　　**别名：**氯化钛
英文名称：titanium tetrachloride；titanic chloride
CAS 号：7550-45-0　　**UN 号：**1838
主要用途：用于制造钛盐、虹彩剂、人造珍珠、烟幕、颜料、织物媒染剂等。

理化特性

物理状态：无色或微黄色液体，有刺激性酸味。在空气中发烟。
熔点(℃)：-25
沸点(℃)：136.4
相对密度(水=1)：1.73
饱和蒸气压(kPa)：1.33(21.3℃)
临界压力(MPa)：4.66
临界温度(℃)：358

危险性概述

危险性说明：造成严重的皮肤灼伤和眼损伤。
危险性类别：皮肤腐蚀/刺激，类别 1B；严重眼损伤/眼刺激，类别 1。
象形图：
警告词：危险。
物理、化学危险性：不燃，无特殊燃爆特性。遇水产生刺激性气体。

健康危害： 吸入本品烟雾，引起上呼吸道黏膜强烈刺激症状。轻度中毒有喘息性支气管炎症状；严重者出现呼吸困难，呼吸和脉搏加快，体温升高，咳嗽，咯痰等，可发展成肺水肿。皮肤直接接触其液体，可引起严重灼伤，治愈后可见有黄色色素沉着。眼接触引起灼伤。

侵入途径： 吸入。

职业接触限值：

中国：未制定标准。

美国(ACGIH)：未制定标准。

包装与储运

联合国危险性类别： 8

联合国次要危险性： —

联合国包装类别： Ⅱ类

安全储运：

储存于阴凉、干燥、通风良好的库房。远离火种、热源。库温不超过 30℃，相对湿度不超过 75%。包装必须密封，切勿受潮。应与氧化剂、碱类、食用化学品分开存放，切忌混储。储区应备有泄漏应急处理设备和合适的收容材料。

起运时包装要完整，装载应稳妥。运输过程中要确保容器不泄漏、不倒塌、不坠落、不损坏。严禁与氧化剂、碱类、食用化学品等混装混运。运输时运输车辆应配备泄漏应急处理设备。运输途中应防曝晒、雨淋，防高温。公路运输时要按规定路线行驶，勿在居民区和人口稠密区停留。

紧急处置信息

急救措施：

吸入：迅速脱离现场至空气新鲜处。保持呼吸道通畅。如呼吸困难，给输氧。呼吸、心跳停止，立即进行心肺复苏术。就医。

皮肤接触：立即脱去污染的衣着，用清洁棉花或布等吸去液体。用大量流动清水冲洗至少 15min。就医。

眼睛接触：立即分开眼睑，用流动清水或生理盐水彻底冲洗 5~10min。就医。

食入：用水漱口，禁止催吐。给饮牛奶或蛋清。就医。

灭火方法：

消防人员必须佩戴空气呼吸器、穿全身防火防毒服，在上风向灭火。尽可能将容器从火场移至空旷处。喷水保持火场容器冷却，直至灭火结束。禁止用水和泡沫灭火。

灭火剂：用干燥砂土灭火。

泄漏应急处置：

根据液体流动和蒸气扩散的影响区域划定警戒区，无关人员从侧风、上风向撤离至安全区。建议应急处理人员戴正压自给式呼吸器，穿防酸碱服，戴橡胶耐酸碱手套。穿上适当的防护服前严禁接触破裂的容器和泄漏物。尽可能切断泄漏源。勿使泄漏物与可燃物质(如木材、纸、油等)接触。

防止泄漏物进入水体、下水道、地下室或有限空间。

小量泄漏：用干燥的砂土或其他不燃材料覆盖泄漏物，用洁净的无火花工具收集泄漏物，置于一盖子较松的塑料容器中，待处置。

大量泄漏：构筑围堤或挖坑收容。用砂土、惰性物质或蛭石吸收大量液体。用耐腐蚀泵转移至槽车或专用收集器内。

68. 松节油

化学品标识信息

中文名称： 松节油　　**别名：**

英文名称： turpentine；turpentine oil

CAS 号： 8006-64-2　　**UN 号：** 1299

主要用途： 用作油漆溶剂，用于合成樟脑、胶黏剂、塑料增塑剂等，也用于制药和制革工业。

理化特性

物理状态、外观： 无色至淡黄色油状液体，具有松香气味。

爆炸下限[%(V/V)]： 0.8

爆炸上限[%(V/V)]： 6.0

熔点(℃)： -60～-50

沸点(℃)： 149～180

相对密度(水=1)： 0.85～0.87

相对蒸气密度(空气=1)： 4.6～4.8

饱和蒸气压(kPa)： 0.25～0.67(20℃)

闪点(℃)： 32～46(CC)

自燃温度(℃)： 220～255

临界温度(℃)： 376

危险性概述

危险性说明： 易燃液体和蒸气，吞咽有害，皮肤接触有害，吸入有害，造成皮肤刺激，造成严重眼刺激，可能导致皮肤过敏反应，吞咽及进入呼吸道可能致命，对水生生物有毒并具有长期持续影响。

危险性类别：易燃液体，类别3；急性毒性-经口，类别4；急性毒性-经皮，类别4；急性毒性-吸入，类别4；皮肤腐蚀/刺激，类别2；严重眼损伤/眼刺激，类别2；皮肤致敏物，类别1；吸入危害，类别1；危害水生环境-急性危害，类别2；危害水生环境-长期危害，类别2。

象形图：   

警示词：危险。

物理化学危险性：易燃，其蒸气与空气混合，能形成爆炸性混合物。

健康危害：

急性中毒：高浓度蒸气可引起麻醉作用，出现平衡失调、四肢痉挛性抽搐、流涎、头痛、眩晕。可引起膀胱炎，有时有肾损害。还可出现眼及上呼吸道刺激症状。液体溅入眼内，可引起结膜炎及角膜灼伤。液态本品吸入呼吸道可引起吸入性肺炎。

慢性影响：长期接触可发生呼吸道刺激症状及乏力、嗜睡、头痛、眩晕、食欲减退等。还可能有尿频及蛋白尿。对皮肤有原发性刺激作用，引起脱脂、干燥发红等。可引起过敏性皮炎，表现为红斑或丘疹，有瘙痒感；重者可发生水疱或脓疱；特别敏感者可发生全身性皮炎。

侵入途径：吸入、食入、经皮吸收。

职业接触限值：

中国：PC-TWA 300mg/m^3。

美国(ACGIH)：TLV-TWA 20ppm[敏]。

包装与储运

联合国危险性类别：3

联合国次要危险性：—

联合国包装类别：Ⅲ类

安全储运：

储存于阴凉、通风的库房。远离火种、热源。库温不宜超过37℃。保持容器密封。应与氧化剂、酸类分开存放，切忌混储。采用防爆型照明、通风设施。禁止使用易产生火花的机械设备和工具。储区应备有泄漏应急处理设备和合适的收容材料。

运输时运输车辆应配备相应品种和数量的消防器材及泄漏应急处理设备。夏季最好早晚运输。运输时所用的槽(罐)车应有接地链，槽内可设孔隔板以减少震荡产生静电。严禁与氧化剂、酸类、食用化学品等混装混运。运输途中应防曝晒、雨淋，防高温。中途停留时应远离火种、热源、高温区。装运该物品的车辆排气管必须配备阻火装置，禁止使用易产生火花的机械设备和工具装卸。公路运输时要按规定路线行驶，勿在居民区和人口稠密区停留。铁路运输时要禁止溜放。严禁用木船、水泥船散装运输。

紧急处置信息

急救措施：

吸入：迅速脱离现场至空气新鲜处。保持呼吸道通畅。如呼吸困难，给输氧。呼吸、心跳停止，立即进行心肺复苏术。就医。

皮肤接触：立即脱去污染的衣着，用流动清水彻底冲洗。就医。

眼睛接触：立即分开眼睑，用流动清水或生理盐水彻底冲洗5~10min。就医。

食入：漱口，饮水。禁止催吐。就医。

灭火方法：

消防人员必须佩戴空气呼吸器、穿全身防火防毒服，在上风向灭火。尽可能将容器从火场移至空旷处。喷水保持火场容器冷却，直至灭火结束。容器突然发出异常声音或出现异常现象，应立即撤离。

灭火剂：用泡沫、二氧化碳、干粉、砂土灭火。

泄漏应急处置：

消除所有点火源。根据液体流动和蒸气扩散的影响区域划定警戒区，无关人员从侧风、上风向撤离至安全区。建议应急处理人员戴正压自给式呼吸器，穿防静电服，戴橡胶耐油手套。作业时使用的所有设备应接地。禁止接触或跨越泄漏物。尽可能切断泄漏源。防止泄漏物进入水体、下水道、地下室或有限空间。

小量泄漏：用砂土或其他不燃材料吸收。使用洁净的无火花工具收集吸收材料。

大量泄漏：构筑围堤或挖坑收容。用泡沫覆盖，减少蒸发。喷水雾能减少蒸发，但不能降低泄漏物在有限空间内的易燃性。用防爆泵转移至槽车或专用收集器内。

69. 碳化钙

化学品标识信息

中文名称： 碳化钙　　**别名：** 电石

英文名称： calcium carbide；acetylenogen

CAS 号： 75-20-7　　**UN 号：** 1402

主要用途： 是重要的基本化工原料，主要用于产生乙炔气、氰氨化钙。也用于有机合成等。

理化特性

物理状态、外观： 无色晶体，工业品为灰黑色块状物，断面为紫色或灰色。

熔点(℃)： 2300

沸点(℃)： 分解

相对密度(水=1)： 2. 22

自燃温度(℃)： >325

辛醇/水分配系数： -0. 30

危险性概述

危险性说明： 遇水放出可自燃的易燃气体。

危险性类别： 遇水放出易燃气体的物质和混合物，类别 1。

象形图： 

警示词： 危险。

物理化学危险性： 遇水剧烈反应，产生高度易燃气体。

健康危害： 损害皮肤，引起皮肤瘙痒、炎症、“鸟眼”样溃疡、黑皮病。皮肤灼伤表现为创面长期不愈及慢性溃疡型。接触工人出现汗少、牙釉质损害、龋齿发病率增高。

侵入途径：吸入、食入。

职业接触限值：

中国：未制定标准。

美国(ACGIH)：未制定标准。

包装与储运

联合国危险性类别：4.3

联合国次要危险性：—

联合国包装类别：Ⅰ类

安全储运：

储存于阴凉、干燥、通风良好的专用库房内，库温不超过32℃，相对湿度不超过75%。远离火种、热源。包装必须密封，切勿受潮。应与酸类、醇类等分开存放，切忌混储。储区应备有合适的材料收容泄漏物。运输时铁桶不许倒置。桶内充有氮气时，应在包装上标明，并在货物运单上注明。运输时运输车辆应配备相应品种和数量的消防器材及泄漏应急处理设备。装运本品的车辆排气管须有阻火装置。运输过程中要确保容器不泄漏、不倒塌、不坠落、不损坏。严禁与酸类、醇类等混装混运。运输途中应防曝晒、雨淋，防高温。中途停留时应远离火种、热源。运输用车、船必须干燥，并有良好的防雨设施。车辆运输完毕应进行彻底清扫。铁路运输时要禁止溜放。

紧急处置信息

急救措施：

吸入：迅速脱离现场至空气新鲜处。保持呼吸道通畅。

如呼吸困难，给输氧。呼吸、心跳停止，立即进行心肺复苏术。就医。

皮肤接触：立即脱去污染的衣着，用流动清水彻底冲洗。就医。

眼睛接触：立即分开眼睑，用流动清水或生理盐水彻底冲洗。就医。

食入：漱口，饮水。就医。

灭火方法：

消防人员必须佩戴空气呼吸器、穿全身防火防毒服，在上风向灭火。尽可能将容器从火场移至空旷处。喷水保持火场容器冷却，直至灭火结束。禁止用水、泡沫和酸碱灭火剂灭火。

灭火剂：用干燥石墨粉或其他干粉灭火。

泄漏应急处置：

严禁用水处理。隔离泄漏污染区，限制出入。消除所有点火源。建议应急处理人员戴防尘口罩，穿防酸碱服，戴橡胶手套。禁止接触或跨越泄漏物。尽可能切断泄漏源。保持泄漏物干燥。

小量泄漏：用干燥的砂土或其他不燃材料覆盖泄漏物，然后用塑料布覆盖，减少飞散、避免雨淋。

粉末泄漏：用塑料布或帆布覆盖泄漏物，减少飞散，保持干燥。在专家指导下清除。

70. 碳酰氯

化学品标识信息

中文名称：光气　　**别名：**碳酰氯

英文名称：phosgene；carbonyl chloride

CAS 号：75-44-5　　**UN 号：**1076

主要用途：用于有机合成，特别是制造异氰酸酯和聚氨酯等，还用于制造染料、橡胶、农药和塑料等。

理化特性

物理状态：纯品为无色有特殊气味的气体，低温时为黄绿色液体。

熔点(℃)：-127.9~-118

沸点(℃)：8.2

相对蒸气密度(空气=1)：3.4

相对密度(水=1)：1.4

饱和蒸气压(kPa)：161.6(20℃)

临界压力(MPa)：5.67

辛醇/水分配系数：-0.710

临界温度(℃)：182

黏度(mPa·s)：0.685(-9.8℃)

危险性概述

危险性说明：内装加压气体；遇热可能爆炸，吸入致命，造成严重的皮肤灼伤和眼损伤。

危险性类别：加压气体；急性毒性-吸入，类别 1；皮肤腐蚀/刺激，类别 1B；严重眼损伤/眼刺激，类别 1。

象形图：

警告词：危险。

物理、化学危险性：不燃，无特殊燃爆特性。遇水产生有毒气体。

健康危害：

主要损害呼吸道，导致化学性支气管炎、肺炎、肺水肿。光气主要见到急性中毒，慢性中毒尚无报道。

吸入光气后，一般有 2~24h 的潜伏期。吸入量越多则潜伏期越短，病情越重。刺激反应出现一过性的眼和上呼吸道黏膜刺激症状，肺部无阳性体征，胸部 X 射线表现无异常改变。轻度中毒出现咳嗽、气短、胸闷或胸痛等，临床表现和胸部 X 射线检查符合支气管炎或支气管周围炎。中度中毒出现胸闷、气急、咳嗽、咳痰等，可有痰中带血，呼吸困难较明显，轻度紫绀，临床表现和胸部 X 射线检查符合急性支气管肺炎或急性间质性肺水肿。

中毒患者出现下列情况之一者，方可诊断为重度中毒：①剧烈咳嗽、咯大量泡沫痰、呼吸窘迫、明显紫绀，临床表现和胸部 X 射线检查符合肺泡性肺水肿或成人呼吸窘迫综合征。②窒息。③并发气胸、纵隔气肿。④严重心肌损害。⑤休克。⑥昏迷。眼和皮肤接触可引起灼伤。

侵入途径：吸入。

职业接触限值：

中国：MAC　0.5mg/m^3。

美国(ACGIH)：TLV-TWA　0.1ppm。

包装与储运

联合国危险性类别：2.3

联合国次要危险性：8

联合国包装类别：—

安全储运：

用特殊规定的容器盛装、储存，并配稀碱、稀氨喷淋吸收装置。储存于阴凉、通风的有毒气体专用库房。实行“双人收发、双人保管”制度。远离火种、热源。库温不宜超过30℃。应与醇类、碱类、食用化学品分开存放，切忌混储。储区应备有泄漏应急处理设备。

严禁从外地或本地区的其他生产厂运输光气为原料进行产品生产。

紧急处置信息

急救措施：

吸入：迅速脱离现场至空气新鲜处。保持呼吸道通畅。如呼吸困难，给输氧。呼吸、心跳停止，立即进行心肺复苏术。就医。

皮肤接触：立即脱去污染的衣着，用大量流动清水彻底冲洗至少15min。就医。

眼睛接触：立即分开眼睑，用流动清水或生理盐水彻底冲洗5~10min。就医。

灭火方法：

切断气源。喷水冷却容器，可能的话将容器从火场移至空旷处。消防人员必须佩戴空气呼吸器、穿全身防火防毒服，在上风向灭火。万一有光气漏逸，微量时可用水蒸气冲散，较大时，可用液氨喷雾冲洗。

灭火剂：本品不燃。根据着火原因选择适当灭火剂灭火。

泄漏应急处置：

根据气体扩散的影响区域划定警戒区，无关人员从侧风、上风向撤离至安全区。建议应急处理人员穿内置正压自给式呼吸器的全封闭防化服。禁止接触或跨越泄漏物。尽可能切断泄漏源。防止气体通过下水道、通风系统和限制性空间扩散。高浓度泄漏区，喷氨水或其他稀碱液中和。构筑围堤或挖坑收容液体泄漏物。用石灰(CaO)、碎石灰石($CaCO_3$)或碳酸氢钠($NaHCO_3$)中和。用水慢慢稀释。隔离泄漏区直至气体散尽。

71. 天然气

化学品标识信息

中文名称：天然气 **别名：**沼泽气

英文名称：natural gas

CAS 号：8006-14-2 **UN 号：**1972；1971

主要用途：天然气用途非常广泛，除了用作燃料外，还用作制造炭黑、合成氨、合成石油、甲醇和其他许多有机化合物的原料。

理化特性

物理状态：无色无味气体。

熔点(℃)：-182.5 **爆炸上限(%)：**17

沸点(℃)：-161~-88

相对密度(水=1)：0.37~0.63

相对蒸气密度(空气=1)：0.55~0.62

饱和蒸气压(kPa)：101.33(25℃)

危险性概述

危险性说明：极易燃气体，内装加压气体；遇热可能爆炸。

危险性类别：易燃气体，类别 1；加压气体。

象形图：

警告词：危险。

物理、化学危险性：易燃，与空气混合能形成爆炸性混合物。当液化天然气由液体蒸发为冷的气体时，其密度与常温下的天然气不同，约比空气重 1.5 倍，其气体不会立即上升，而是沿着液面或地面扩散，形成白色云团。当冷气温度逐渐升高，就变得比空气轻，开始向上升。如果易燃混合物扩散遇到火源，会着火回燃。液化天然气比水轻，遇水生成白色冰块。冰块只能在低温下保存，温度升高即迅速蒸发，若急剧扰动能猛烈爆喷。若遇高热，储罐内压增大，有开裂和爆炸的危险。

健康危害：

急性中毒：轻度中毒时有头痛、头晕、胸闷、恶心、呕吐和乏力等。严重中毒时发热、血压高、昏迷、抽搐、脑水肿、阵发性肌痉挛或偏瘫等。部分患者出现类神经症和精神症状。可出现各种类型的心律失常。呼吸系统表现为咳嗽、胸痛、发绀、呼吸困难、肺水肿和肺炎。皮肤接触液化气体可引起冻伤。

慢性影响：长期接触天然气者可出现神经衰弱综合征。

侵入途径：吸入。

职业接触限值：

中国：未制定标准。

美国(ACGIH)：未制定标准。

包装与储运

联合国危险性类别：2.1

联合国次要危险性：—

联合国包装类别：—

安全储运：

储存于阴凉、通风的易燃气体专用库房。远离火种、热源。库房温度不宜超过30℃。应与氧化剂等分开存放，切忌混储。采用防爆型照明、通风设施。禁止使用易产生火花的机械设备和工具。储存区应备有泄漏应急处理设备。

运输车辆应有危险货物运输标志、安装具有行驶记录功能的卫星定位装置。未经公安机关批准，运输车辆不得进入危险化学品运输车辆限制通行的区域。

槽车和运输卡车要有导静电拖线；槽车上要备有2只以上干粉或二氧化碳灭火器和防爆工具。车辆运输钢瓶时，瓶口一律朝向车辆行驶方向的右方，堆放高度不得超过车辆的防护栏板，并用三角木垫卡牢，防止滚动。不准同车混装有抵触性质的物品和让无关人员搭车。运输途中远离火种，不准在有明火地点或人多地段停车，停车时要有人看管。发生泄漏或火灾时要把车开到安全地方进行灭火或堵漏。

紧急处置信息

急救措施：

吸入：迅速脱离现场至空气新鲜处。保持呼吸道通畅。如呼吸困难，给输氧。呼吸、心跳停止，立即进行心肺复苏术。就医。

皮肤接触：如发生冻伤，用温水(38~42℃)复温，忌用热水或辐射热，不要揉搓。

灭火方法：

切断气源。若不能切断气源，则不允许熄灭泄漏处的火焰。消防人员必须佩戴空气呼吸器、穿全身防火防毒服，在上风向灭火。尽可能将容器从火场移至空旷处。喷水保持火场容器冷却，直至灭火结束。

灭火剂：雾状水、泡沫、二氧化碳、砂土灭火。

泄漏应急处置：

消除所有点火源。根据气体扩散的影响区域划定警戒区，无关人员从侧风、上风向撤离至安全区。建议应急处理人员戴正压自给式呼吸器，穿防静电、防腐蚀、防毒服，戴橡胶手套。作业时使用的所有设备应接地。禁止接触或跨越泄漏物。尽可能切断泄漏源。喷雾状水抑制蒸气或改变蒸气云流向，避免水流接触泄漏物。禁止用水直接冲击泄漏物或泄漏源。喷雾状水稀释、溶解，构筑围堤或挖坑收容废水。隔离泄漏区，直至气体散尽。

72. 烯丙胺

化学品标识信息

中文名称： 烯丙胺　　**别名：** 3-氨基丙烯

英文名称： 3-aminopropene；allylamine

CAS 号： 107-11-9　　**UN 号：** 2334

主要用途： 用于制造药品的中间体，及有机合成和制作溶剂等。

理化特性

物理状态： 无色液体，有强烈的氨味和焦灼味。

爆炸下限[%(V/V)]： 2.2

爆炸上限[%(V/V)]： 22.0

熔点(℃)： −88.2

沸点(℃)： 55~58

相对密度(水=1)： 0.76

相对蒸气密度(空气=1)： 2.0

饱和蒸气压(kPa)： 25.7(20℃)

燃烧热(kJ/mol)： 2207.5

临界压力(MPa)： 5.17

辛醇/水分配系数： 0.03

闪点(℃)： −29(CC)

自燃温度(℃)： 371

危险性概述

危险性说明： 高度易燃液体和蒸气，吞咽会中毒，皮肤接触会致命，吸入会中毒，对水生生物有毒并具有长期持续影响。

危险性类别： 易燃液体，类别2；急性毒性-经口，类别3；急性毒性-经皮，类别1；急性毒性-吸入，类别3；危害水生环境-急性危害，类别2；危害水生环境-长期危害，类别2。

象形图：   

警告词： 危险。

物理、化学危险性： 高度易燃，其蒸气与空气混合，能形成爆炸性混合物。

健康危害：

蒸气对眼及上呼吸道有强刺激性，严重者伴有恶心、眩晕、头痛等。

可引起接触性皮炎。

侵入途径： 吸入、食入、经皮吸收。

职业接触限值：

中国：未制定标准。

美国(ACGIH)：未制定标准。

包装与储运

联合国危险性类别： 6.1

联合国次要危险性： 3

联合国包装类别： Ⅰ类

安全储运：

储存于阴凉、干燥、通风良好的专用库房内，实行“双人收发、双人保管”制度。远离火种、热源。库温不宜超过29℃。包装要求密封，不可与空气接触。应与氧化剂、酸类、食用化学品分开存放，切忌混储。采用防爆型照明、通风设施。禁止使用易产生火花的机械设备和工具。储区应备有泄漏应急处理设备和合适的收容材料。

运输时运输车辆应配备相应品种和数量的消防器材及泄漏应急处理设备。夏季最好早晚运输。运输时所用的槽(罐)车应有接地链，槽内可设孔隔板以减少震荡产生静电。严禁与氧化剂、酸类、食用化学品等混装混运。运输途中应防曝晒、雨淋，防高温。中途停留时应远离火种、热源、高温区。装运该物品的车辆排气管必须配备阻火装置，禁止使用易产生火花的机械设备和工具装卸。公路运输时要按规定路线行驶，勿在居民区和人口稠密区停留。铁路运输时要禁止溜放。严禁用木船、水泥船散装运输。

紧急处置信息

急救措施：

吸入：迅速脱离现场至空气新鲜处。保持呼吸道通畅。如呼吸困难，给输氧。呼吸、心跳停止，立即进行心肺复苏术。就医。

皮肤接触：立即脱去污染的衣着，用流动清水彻底冲洗。就医。

眼睛接触：立即分开眼睑，用流动清水或生理盐水彻底冲洗。就医。

食入：漱口，饮水。就医。

灭火方法：

消防人员必须佩戴空气呼吸器、穿全身防火防毒服，在上风向灭火。喷水冷却容器，可能的话将容器从火场移至空旷处。容器突然发出异常声音或出现异常现象，应立即撤离。

灭火剂：用抗溶性泡沫、二氧化碳、干粉、砂土灭火。

泄漏应急处置：

消除所有点火源。根据液体流动和蒸气扩散的影响区域划定警戒区，无关人员从侧风、上风向撤离至安全区。建议应急处理人员戴正压自给式呼吸器，穿防毒、防静电服，戴橡胶耐油手套。作业时使用的所有设备应接地。禁止接触或跨越泄漏物。尽可能切断泄漏源。防止泄漏物进入水体、下水道、地下室或有限空间。

小量泄漏：用砂土或其他不燃材料吸收。使用洁净的无火花工具收集吸收材料。

大量泄漏：构筑围堤或挖坑收容。用抗溶性泡沫覆盖，减少蒸发。喷水雾能减少蒸发，但不能降低泄漏物在有限空间内的易燃性。用防爆泵转移至槽车或专用收集器内。

73. 硝化甘油

化学品标识信息

中文名称： 硝化甘油

别名： 三硝酸甘油酯；硝化丙三醇

英文名称： nitrlglycerine；nitroglycerine；glyceryl trinitrate

CAS 号： 55-63-0　　**UN 号：** 0143

主要用途： 制造军事和商业用炸药。医药上用作血管扩张药。

理化特性

物理状态、外观： 无白色或淡黄色黏稠液体，低温易冻结。

熔点(℃)： 13

沸点(℃)： 218(爆炸)

相对密度(水=1)： 1.6

相对蒸气密度(空气=1)： 7.8

饱和蒸气压(kPa)： 0.00003(20℃)

辛醇/水分配系数： 1.62

自燃温度(℃)： 270

分解温度(℃)： 218

黏度(mPa·s)： 36.0(20 ℃)

燃烧热(kJ/mol)： 0~1540.0

危险性概述

危险性说明： 爆炸物：整体爆炸危险，可能导致皮肤过敏反应，怀疑对生育力或胎儿造成伤害，对器官造成损害，长时间或反复接触会对器官造成伤害，对水生生物有毒并具有长期持续影响。

危险性类别： 爆炸物，1.1 项；皮肤致敏物，类别 1；生殖毒性，类别 2；特异性靶器官毒性-一次接触，类别 1；特异性靶器官毒性-反复接触，类别 1；危害水生环境-急性危害，类别 2；危害水生环境-长期危害，类别 2。

象形图：    

警示词： 危险。

物理化学危险性： 遇明火、高热、摩擦、振动、撞击可能引起激烈燃烧或爆炸。50～60℃开始分解，大于145℃剧烈分解，在215～218℃爆炸。强烈紫外线照射，使其至100℃时产生爆炸。与路易氏酸、臭氧等接触会发生剧烈反应，有燃烧爆炸的危险。

健康危害：

少量吸收即可引起剧烈的搏动性头痛，常有恶心、心悸，有时有呕吐和腹痛，面部发热、潮红；较大量产生低血压、抑郁、精神错乱，偶见谵妄、高铁血红蛋白血症和紫绀。饮酒后，上述症状加剧，并可发生躁狂。本品易经皮肤吸收，应防止皮肤接触。

慢性影响：可有头痛、疲乏等不适。

侵入途径： 吸入、食入、经皮吸收。

职业接触限值：

中国：PC-TWA　1(皮)。

美国(ACGIH)：TLV-TWA　0.05ppm(皮)。

包装与储运

联合国危险性类别： 1.1D

联合国次要危险性：6.1

联合国包装类别：—

安全储运：

储存于阴凉、通风的爆炸品专用库房。远离火种、热源。库房温度不超过 32℃，相对湿度不超过 80%。应与路易氏酸、臭氧、氧化剂等分开存放，切忌混储。存放时，应距加热器(包括暖气片)和热力管线 300mm 以上。储存区应备有合适的材料收容泄漏物。禁止震动、撞击和摩擦。禁止使用易产生火花的机械设备和工具。

运输车辆应有危险货物运输标志、安装具有行驶记录功能的卫星定位装置。未经公安机关批准，运输车辆不得进入危险化学品运输车辆限制通行的区域。运输过程中应有遮盖物，防止曝晒和雨淋、猛烈撞击、包装破损，不得倒置。严禁与路易氏酸、臭氧、氧化剂等同车混运，尤其是促进剂。运输过程中要确保容器不泄漏、不倒塌、不坠落、不损坏。运输时运输车辆应配备相应品种和数量的消防器材。搬运时要轻装轻卸，防止包装及容器损坏。禁止震动、撞击和摩擦。车辆遇有临时停车时，应避开人员密集地区和重要设施，并设专人监护；车辆故障必须进行检修时，严禁在车辆周围近 50m 范围内进行明火作业。

紧急处置信息

急救措施：

吸入：迅速脱离现场至空气新鲜处。保持呼吸道通畅。如呼吸困难，给输氧。如呼吸停止，立即进行心肺复苏术。就医。

食入：漱口，催吐，给服活性炭浆，就医。

眼睛接触：立即提起眼睑，用流动清水或生理盐水冲洗。就医。

皮肤接触：立即脱去污染的衣着，用肥皂和清水彻底冲洗皮肤。

灭火方法：

如果硝化甘油处于火场中，严禁灭火！因为可能爆炸。禁止一切通行，清理方圆至少1600m范围内的区域，任其自行燃烧。切勿开动已处于火场中的货船或车辆。如果在火场中有储罐、槽车或罐车，周围至少隔离1600m；同时初始疏散距离也至少为1600m。

灭火剂：用水灭火。

泄漏应急处置：

隔离泄漏污染区，限制出入。消除所有点火源（泄漏区附近禁止吸烟、消除所有明火、火花或火焰）。建议应急处理人员戴防尘面具（全面罩），穿防毒服。不要直接接触泄漏物。作业时所有设备应接地。避免震动、撞击和摩擦。泄漏源附近100m内禁止开启电雷管和无线电发送设备。用水润湿泄漏物。严禁清扫干的泄漏物。在专业人员指导下清除。作为一项紧急预防措施，泄漏隔离距离至少为500m。如果为大量泄漏，下风向的初始疏散距离应至少为800m。

74. 硝化纤维素

化学品标识信息

中文名称： 硝化纤维素

别名： 硝化棉；硝基纤维素

英文名称： nitrocellulose；cellulose nitrate

CAS 号： 9004-70-0

U N 号： 0340(干的或含水(或乙醇)<25%)；0341(未改型的，或增塑的，含增塑剂<18%)；0342(含乙醇≥25%)；0343(含增塑剂≥18%)；2555(含水≥25%)；2556(含氮≤12.6%，含乙醇≥25%)；2557(含氮≤12.6%)

主要用途： 用于生产赛璐珞、影片、漆片、炸药等。

理化特性

物理状态： 白色或微黄色，呈棉絮状或纤维状，无臭无味。

熔点(℃)： 160~170

相对密度(水=1)： 1.66

闪点(℃)： 12.8

自燃温度(℃)： 160~170

危险性概述

危险性说明： 爆炸物、整体爆炸危险。

危险性类别： 爆炸物，1.1 项。

象形图： 

警告词： 危险。

物理、化学危险性：易燃。受撞击、摩擦，遇明火或其他点火源极易爆炸。

健康危害：对眼有刺激性。

侵入途径：—

职业接触限值：

中国：未制定标准。

美国(ACGIH)：未制定标准。

包装与储运

联合国危险性类别：1(干的或含水或乙醇<25%；未改型的，或增塑的，含增塑剂<18%；含乙醇≥25%或含增塑剂≥18%)或4.1(含水≥25%；含氮≤12.6%，含乙醇≥25%；含氮≤12.6%)

联合国次要危险性：

联合国包装类别：Ⅱ类

安全储运：

储存于阴凉、通风的库房。远离火种、热源。库温不宜超过35℃。保持容器密封。应与氧化剂等分开存放，切忌混储。采用防爆型照明、通风设施。禁止使用易产生火花的机械设备和工具。储区应备有合适的材料收容泄漏物。

运输时运输车辆应配备相应品种和数量的消防器材及泄漏应急处理设备。装运本品的车辆排气管须有阻火装置。运输过程中要确保容器不泄漏、不倒塌、不坠落、不损坏。严禁与氧化剂、等混装混运。运输途中应防曝晒、雨淋，防高温。中途停留时应远离火种、热源。车辆运输完毕应进行彻底清扫。

紧急处置信息

急救措施：

吸入：脱离现场至空气新鲜处。如有不适感，就医。

皮肤接触：脱去污染的衣着，用流动清水冲洗。如有不适感，就医。

眼睛接触：分开眼睑，用流动清水或生理盐水冲洗。如有不适感，就医。

食入：漱口，饮水。就医。

灭火方法：

消防人员须戴好防毒面具，在安全距离以外，在上风向灭火。消防人员须在有防爆掩蔽处操作。禁止用砂土压盖。

灭火剂：用水、雾状水、泡沫、干粉、二氧化碳灭火。

泄漏应急处置：

消除所有点火源。隔离泄漏污染区，限制出入。建议应急处理人员戴防尘口罩，穿消防防护服。作业时使用的所有设备应接地。禁止接触或跨越泄漏物。用塑料布覆盖泄漏物，减少飞散。

小量泄漏：用大量水冲洗，洗水稀释后放入废水系统。

大量泄漏：用水润湿，并筑堤收容。通过慢慢加入大量水保持泄漏物湿润。

75. 硝基苯

化学品标识信息

中文名称： 硝基苯　　**别名：** 密斑油
英文名称： nitrobenzene；oil of mirbane
CAS 号： 98-95-3　　**UN 号：** 1662
主要用途： 用作溶剂，制造苯胺、染料等。

理化特性

物理状态、外观： 淡黄色透明油状液体，有苦杏仁味。
爆炸下限[%(V/V)]： 1.8(93℃)
爆炸上限[%(V/V)]： 40
熔点(℃)： 5.7
沸点(℃)： 210.8
相对密度(水=1)： 1.20
相对蒸气密度(空气=1)： 4.25
饱和蒸气压(kPa)： 0.02(20℃)
临界压力(MPa)： 4.82
辛醇/水分配系数： 1.85~1.88
闪点(℃)： 88(CC)
自燃温度(℃)： 482
黏度(mPa·s)： 1.86(25℃)

危险性概述

危险性说明： 吞咽会中毒，皮肤接触会中毒，吸入会中毒，怀疑致癌，可能对生育力或胎儿造成伤害，长时间或反复接触对器官造成损伤，对水生生物有毒并具有长期持续影响。

危险性类别： 急性毒性-经口，类别3；急性毒性-经皮，类别3；急性毒性-吸入，类别3；致癌性，类别2；生殖毒性，类别1B；特异性靶器官毒性-反复接触，类别1；危害水生环境-急性危害，类别2；危害水生环境-长期危害，类别2。

象形图：   

警示词： 危险。

物理化学危险性： 可燃，其蒸气与空气混合，能形成爆炸性混合物。

健康危害：

主要引起高铁血红蛋白血症。可引起溶血及肝损害。

急性中毒：有头痛、头晕、乏力、皮肤黏膜紫绀、手指麻木等症状；严重时可出现胸闷、呼吸困难、心悸，甚至心律失常、昏迷、抽搐、呼吸麻痹。有时中毒后出现溶血性贫血、黄疸、中毒性肝炎。

慢性中毒：可有神经衰弱综合征；慢性溶血时，可出现贫血、黄疸；还可引起中毒性肝炎。

侵入途径： 吸入、食入、经皮吸收。

职业接触限值：

中国：PC-TWA　2mg/m³[皮][G2B]。

美国(ACGIH)：TLV-TWA　1ppm[皮]。

包装与储运

联合国危险性类别： 6.1

联合国次要危险性：

联合国包装类别： Ⅱ类

安全储运：

储存于阴凉、通风的库房。远离火种、热源。保持容器密封。应与氧化剂、还原剂、碱类、食用化学品分开存放，切忌混储。配备相应品种和数量的消防器材。储区应备有泄漏应急处理设备和合适的收容材料。

本品铁路运输时限使用钢制企业自备罐车装运，装运前需报有关部门批准。运输前应先检查包装容器是否完整、密封，运输过程中要确保容器不泄漏、不倒塌、不坠落、不损坏。严禁与酸类、氧化剂、食品及食品添加剂混运。运输时运输车辆应配备相应品种和数量的消防器材及泄漏应急处理设备。运输途中应防曝晒、雨淋，防高温。公路运输时要按规定路线行驶。

紧急处置信息

急救措施：

吸入：迅速脱离现场至空气新鲜处。保持呼吸道通畅。如呼吸困难，给吸氧。如呼吸心跳停止，立即行心肺复苏术。就医。

皮肤接触：立即脱去污染衣着，用肥皂水或清水彻底冲洗。就医。

眼睛接触：分开眼睑，用清水或生理盐水冲洗。就医。

食入：漱口，饮水。就医。

灭火方法：

消防人员必须佩戴空气呼吸器、穿全身防火防毒服，在上风向灭火。喷水冷却容器，可能的话将容器从火场移至空旷处。

灭火剂：用雾状水、泡沫、二氧化碳、砂土灭火。

泄漏应急处置：

根据液体流动和蒸气扩散的影响区域划定警戒区，无关人员从侧风、上风向撤离至安全区。消除所有点火源。建议应急处理人员戴正压自给式呼吸器，穿防毒服，戴橡胶耐油手套。穿上适当的防护服前严禁接触破裂的容器和泄漏物。尽可能切断泄漏源。防止泄漏物进入水体、下水道、地下室或有限空间。
小量泄漏：用干燥的砂土或其他不燃材料吸收或覆盖，收集于容器中。
大量泄漏：构筑围堤或挖坑收容。用砂土、惰性物质或蛭石吸收大量液体。用泵转移至槽车或专用收集器内。

76. 硝基胍

化学品标识信息

中文名称：硝基胍　　**别名：**橄苦盐
英文名称：nitroguanidine；picrite；1-nitroguanidine
CAS 号：556-88-7　　**UN 号：**1336
主要用途：是硝化纤维火药、硝化甘油火药以及二甘醇二硝酸酯的掺合剂、固体火箭推进剂的重要组分。

理化特性

物理状态、外观：白色针状晶体。
熔点(℃)：239(分解)
沸点(℃)：-33.5
相对密度(水=1)：1.71
辛醇/水分配系数：-0.89

危险性概述

危险性说明：爆炸物：整体爆炸危险，造成严重眼刺激。
危险性类别：爆炸物，1.1 项；严重眼损伤/眼刺激，类别 2。

象形图： 

警示词：危险。
物理化学危险性：遇明火、高热、摩擦、振动、撞击可能引起激烈燃烧或爆炸。(干的或含水<20%为爆炸品，受热 150℃分解爆炸；含水>20%为易燃固体，为脱敏爆炸品，受热 275℃ 发生强烈爆炸）。与氧化剂等接触会发生剧烈反应，有燃烧爆炸的危险。

健康危害：对眼睛、皮肤、黏膜和呼吸道有刺激性。

侵入途径：吸入。

职业接触限值：

中国：未制定标准。

美国（ACGIH）：未制定标准。

包装与储运

联合国危险性类别：1.1

联合国次要危险性：—

联合国包装类别：Ⅰ类

安全储运：

为安全起见，储存时可加不少于 15% 的水作稳定剂。储存于阴凉、通风的爆炸品专用库房。远离火种、热源。库房温度不超过 30℃，相对湿度小于 80%。应与氧化剂、还原剂、强碱分开存放，切忌混储。存放时，应距加热器（包括暖气片）和热力管线 300mm 以上。储存区应备有合适的材料收容泄漏物。禁止震动、撞击和摩擦。禁止使用易产生火花的机械设备和工具。

运输车辆应有危险货物运输标志、安装具有行驶记录功能的卫星定位装置。未经公安机关批准，运输车辆不得进入危险化学品运输车辆限制通行的区域。运输过程中应有遮盖物，防止曝晒和雨淋、猛烈撞击、包装破损，不得倒置。严禁与氧化剂、还原剂、强碱等同车混运。运输过程中要确保容器不泄漏、不倒塌、不坠落、不损坏。运输时运输车辆应配备相应品种和数量的消防器材。搬运时要轻装轻卸，防止包装及容器损坏。禁止震动、撞击和摩擦。

紧急处置信息

急救措施：

吸入：迅速脱离现场至空气新鲜处。保持呼吸道通畅。如呼吸困难，给输氧。如呼吸停止，立即进行心肺复苏术。就医。

食入：用水漱口。就医。

眼睛接触：立即提起眼睑，用大量流动清水或生理盐水彻底冲洗至少15min。就医。

皮肤接触：立即脱去污染的衣着，用肥皂和清水彻底冲洗皮肤。就医。

灭火方法：

如果硝基胍处于火场中，严禁灭火！因为可能爆炸。禁止一切通行，清理方圆至少1600m范围内的区域，任其自行燃烧。切勿开动已处于火场中的货船或车辆。如果在火场中有储罐、槽车或罐车，周围至少隔离1600m；同时初始疏散距离也至少为1600m。

灭火剂：用水灭火。

泄漏应急处置：

隔离泄漏污染区，限制出入。消除所有点火源(泄漏区附近禁止吸烟、消除所有明火、火花或火焰)。建议应急处理人员戴防尘面具(全面罩)，穿防毒服。不要直接接触泄漏物。作业时所有设备应接地。避免震动、撞击和摩擦。泄漏源附近100m内禁止开启电雷管和无线电发送设备。用水润湿泄漏物。严禁清扫干的泄漏物。在专业人员指导下清除。作为一项紧急预防措施，泄漏隔离距离至少为500m。如果为大量泄漏，下风向的初始疏散距离应至少为800m。

77. 硝酸

化学品标识信息

中文名称：硝酸 **别名：**

英文名称：nitric acid；azotic acid

CAS 号：7697-37-2 **UN 号：**2031

主要用途：用途极广，主要用于化肥、染料、国防、炸药、冶金、医药等工业。

理化特性

物理状态、外观：纯品为无色透明发烟液体，有酸味。

熔点(℃)：-42(无水)

沸点(℃)：83(无水)

相对密度(水=1)：1.50(无水)

相对蒸气密度(空气=1)：2~3

饱和蒸气压(kPa)：6.4(20℃)

临界压力(MPa)：6.89

辛醇/水分配系数：0.21

黏度(mPa·s)：0.75(25℃)

危险性概述

危险性说明：可加剧燃烧；氧化剂，造成严重的皮肤灼伤和眼损伤，对水生生物有害。

危险性类别：氧化性液体，类别 3；皮肤腐蚀/刺激，类别 1A；严重眼损伤/眼刺激，类别 1；危害水生环境-急性危害，类别 3。

象形图：

警示词：危险。

物理化学危险性：助燃。与可燃物混合会发生爆炸。

健康危害：吸入硝酸气雾产生呼吸道刺激作用，可引起急性肺水肿。口服引起腹部剧痛，严重者可有胃穿孔、腹膜炎、喉痉挛、肾损害、休克以及窒息。眼和皮肤接触引起灼伤。

慢性影响：长期接触可引起牙齿酸蚀症。

侵入途径：吸入、食入。

职业接触限值：

中国：未制定标准。

美国(ACGIH)：TLV-TWA 2ppm；TLV-STEL 4ppm。

包装与储运

联合国危险性类别：8(发红烟的除外，硝酸至少65%)或(发红烟的除外，含硝酸低于65%)

联合国次要危险性：5.1(发红烟的除外，硝酸至少65%)

联合国包装类别：

Ⅰ类包装(发红烟的除外，含硝酸高于70%)；

Ⅱ类包装(发红烟的除外，含硝酸至少65%，但不超过70%)；Ⅲ类包装(发红烟的除外，含硝酸低于65%)

安全储运：

储存于阴凉、通风的库房。远离火种、热源。库温不超过30℃，相对湿度不超过80%。保持容器密封。应与还原剂、碱类、醇类、碱金属等分开存放，切忌混储。储区应备有泄漏应急处理设备和合适的收容材料。

本品铁路运输时限使用铝制企业自备罐车装运，装运前需报有关部门批准。起运时包装要完整，装载应稳妥。运输过程中要确保容器不泄漏、不倒塌、不坠落、不损坏。严禁与还原剂、碱类、醇类、碱金属、食用化学品等混装混运。运输时运输车辆应配备泄漏应急处理设备。运输途中应防曝晒、雨淋，防高温。公路运输时要按规定路线行驶，勿在居民区和人口稠密区停留。

紧急处置信息

急救措施：

吸入：迅速脱离现场至空气新鲜处。保持呼吸道通畅。如呼吸困难，给输氧。呼吸、心跳停止，立即进行心肺复苏术。就医。

皮肤接触：立即脱去污染的衣着，用大量流动清水彻底冲洗至少 15min。就医。

眼睛接触：立即分开眼睑，用流动清水或生理盐水彻底冲洗 5~10min。就医。

食入：用水漱口，禁止催吐。给饮牛奶或蛋清。就医。

灭火方法：

消防人员必须穿全身耐酸碱消防服、佩戴空气呼吸器灭火。尽可能将容器从火场移至空旷处。喷水保持火场容器冷却，直至灭火结束。

灭火剂：本品不燃。根据着火原因选择适当灭火剂灭火。

泄漏应急处置：

根据液体流动和蒸气扩散的影响区域划定警戒区，无关人员从侧风、上风向撤离至安全区。建议应急处理人员戴正压自给式呼吸器，穿防酸碱服，戴橡胶耐酸碱手套。作业时使用的所有设备应接地。穿上适当的防护服前严禁接触破裂的容器和泄漏物。尽可能切断泄漏源。喷雾状水抑制蒸气或改变蒸气云流向，避免水流接触泄漏物。勿使水进入包装容器内。防止泄漏物进入水体、下水道、地下室或有限空间。

小量泄漏：用干燥的砂土或其他不燃材料覆盖泄漏物。

大量泄漏：构筑围堤或挖坑收容。用砂土、惰性物质或蛭石吸收大量液体。用石灰（CaO）、碎石灰石（$CaCO_3$）或碳酸氢钠（$NaHCO_3$）中和。用抗溶性泡沫覆盖，减少蒸发。用耐腐蚀泵转移至槽车或专用收集器内。

78. 硝酸铵

化学品标识信息

中文名称： 硝酸铵　　**别名：** 硝铵

英文名称： ammonium nitrate；ammonium saltpeter

CAS 号： 6484-52-2

U N 号： 1942(含可燃物质总量不超过 0.2%，包括以碳计算的任何有机物质，但不包括任何其他添加物质)；0222(含可燃物>0.2%，包括以碳计算的任何有机物，但不包括任何其他添加剂)

主要用途： 用作化肥、分析试剂、氧化剂、制冷剂、烟火和炸药原料。

理化特性

物理状态、外观： 无色无臭的透明结晶或呈白色的小颗粒，有潮解性。

熔点(℃)： 169.6

沸点(℃)： 210(分解)

相对密度(水=1)： 1.72

pH 值： 5.43(0.1M 水溶液)

分解温度(℃)： 210

危险性概述

危险性说明： 爆炸物、整体爆炸危险，对器官造成损害，长时间或反复接触对器官造成损伤。

危险性类别： 爆炸物，1.1 项；特异性靶器官毒性-一次接触，类别 1；特异性靶器官毒性-反复接触，类别 1。

象形图： 

警示词： 危险。

物理化学危险性： 助燃。与可燃物混合或急剧加热会发生爆炸。

健康危害： 对呼吸道、眼及皮肤有刺激性。接触后可引起恶心、呕吐、头痛、虚弱、无力和虚脱等。大量接触可引起高铁血红蛋白血症，影响血液的携氧能力，出现紫绀、头痛、头晕、虚脱，甚至死亡。口服引起剧烈腹痛、呕吐、血便、休克、全身抽搐、昏迷，甚至死亡。

侵入途径： 吸入、食入。

职业接触限值：

中国：未制定标准。

美国(ACGIH)：未制定标准。

包装与储运

联合国危险性类别： 5.1(含可燃物质总量不超过0.2%，包括以碳计算的任何有机物质，但不包括任何其他添加物质)；1.1D(含可燃物>0.2%，包括以碳计算的任何有机物，但不包括任何其他添加剂)。

联合国次要危险性：

联合国包装类别：

Ⅲ类包装(含可燃物质总量不超过0.2%，包括以碳计算的任何有机物质，但不包括任何其他添加物质)；

—(含可燃物>0.2%，包括以碳计算的任何有机物，但不包括任何其他添加剂)。

安全储运：

储存于阴凉、干燥、通风良好的专用库房内，库温不超过 30℃，相对湿度不超过 75%。远离火种、热源。应与易(可)燃物、还原剂、酸类、活性金属粉末分开存放，切忌混储。储区应备有合适的材料收容泄漏物。禁止震动、撞击和摩擦。

运输时单独装运，运输过程中要确保容器不泄漏、不倒塌、不坠落、不损坏。运输时运输车辆应配备相应品种和数量的消防器材及泄漏应急处理设备。严禁与酸类、易燃物、有机物、还原剂、自燃物品、遇湿易燃物品等并车混运。运输时车速不宜过快，不得强行超车。运输车辆装卸前后，均应彻底清扫、洗净，严禁混入有机物、易燃物等杂质。

紧急处置信息

急救措施：

吸入：迅速脱离现场至空气新鲜处。保持呼吸道通畅。如呼吸困难，给输氧。呼吸、心跳停止，立即进行心肺复苏术。就医。

皮肤接触：立即脱去污染的衣着，用流动清水彻底冲洗。就医。

眼睛接触：立即分开眼睑，用流动清水或生理盐水彻底冲洗。就医。

食入：漱口，饮水。就医。

灭火方法：

消防人员须佩戴防毒面具、穿全身消防服，在上风向灭火。尽可能将容器从火场移至空旷处。喷水保持火场容器冷却，直至灭火结束。遇大火，消防人员须在有防护掩蔽处操作。切勿将水流直接射至熔融物，以免引起严重的流淌火灾或引起剧烈的沸溅。

灭火剂：本品不燃。根据着火原因选择适当灭火剂灭火。

泄漏应急处置：

隔离泄漏污染区，限制出入。建议应急处理人员戴防尘口罩，穿防毒服，戴橡胶手套。勿使泄漏物与可燃物质(如木材、纸、油等)接触。穿上适当的防护服前严禁接触破裂的容器和泄漏物。尽可能切断泄漏源。勿使水进入包装容器内。

小量泄漏：用洁净的铲子收集泄漏物，置于干净、干燥、盖子较松的容器中，将容器移离泄漏区。

大量泄漏：泄漏物回收后，用水冲洗泄漏区。

79. 硝酸胍

化学品标识信息

中文名称： 硝酸胍　　**别名：** 硝酸亚氨脲

英文名称： guanidine nitrate；guanidine mononitrate

CAS 号： 506-93-4　　**UN 号：** 1467

主要用途： 用于制造炸药、消毒剂、照相化学品等。

理化特性

物理状态： 白色颗粒。

熔点(℃)： 213~215

辛醇/水分配系数： -8.35

危险性概述

危险性说明： 可加剧燃烧：氧化剂，吞咽有害，造成严重眼刺激，对水生生物有害。

危险性类别： 氧化性固体，类别 3；急性毒性-经口，类别 4；严重眼损伤/眼刺激，类别 2A；危害水生环境-急性危害，类别 3。

象形图：  

警示词： 警告。

物理、化学危险性： 助燃。与可燃物混合能形成爆炸性混合物。

健康危害： 本品对眼睛、皮肤、黏膜和上呼吸道具有刺激作用，过量吸入可致死。高温下释放出氮氧化物气体，对呼吸道有刺激性。

侵入途径：吸入、食入。

职业接触限值：

中国：未制定标准。

美国(ACGIH)：未制定标准。

包装与储运

联合国危险性类别：5.1

联合国次要危险性：—

联合国包装类别：Ⅲ类

安全储运：

储存于阴凉、通风的库房。库温不超过30℃，相对湿度不超过80%。远离火种、热源。包装密封。应与易(可)燃物、还原剂等分开存放，切忌混储。储区应备有合适的材料收容泄漏物。

运输时单独装运，运输过程中要确保容器不泄漏、不倒塌、不坠落、不损坏。运输时运输车辆应配备相应品种和数量的消防器材及泄漏应急处理设备。严禁与酸类、易燃物、有机物、还原剂、自燃物品、遇湿易燃物品等并车混运。运输时车速不宜过快，不得强行超车。运输车辆装卸前后，均应彻底清扫、洗净，严禁混入有机物、易燃物等杂质。

紧急处置信息

急救措施：

吸入：迅速脱离现场至空气新鲜处。保持呼吸道通畅。如呼吸困难，给输氧。呼吸、心跳停止，立即进行心肺复苏术。就医。

皮肤接触：立即脱去污染的衣着，用流动清水彻底冲洗。就医。

眼睛接触：立即分开眼睑，用流动清水或生理盐水彻底冲洗。就医。

食入：漱口，饮水。就医。

灭火方法：

消防人员必须佩戴空气呼吸器、穿全身防火防毒服，在上风向灭火。尽可能将容器从火场移至空旷处。喷水保持火场容器冷却，直至灭火结束。切勿将水流直接射至熔融物，以免引起严重的流淌火灾或引起剧烈的沸溅。遇大火，消防人员须在有防护掩蔽处操作。

灭火剂：本品不燃。根据着火原因选择适当灭火剂灭火。

泄漏应急处置：

隔离泄漏污染区，限制出入。建议应急处理人员戴防尘口罩，穿防毒服，戴氯丁橡胶手套。勿使泄漏物与可燃物质(如木材、纸、油等)接触。穿上适当的防护服前严禁接触破裂的容器和泄漏物。

小量泄漏：用大量水冲洗，洗水稀释后放入废水系统。

大量泄漏：在专家指导下清除。

80. 硝酸钠

化学品标识信息

中文名称：硝酸钠　　**别名：**智利硝

英文名称：sodium nitrate；sodium saltpeter

CAS 号：7631-99-4　　**UN 号：**1498

主要用途：用于搪瓷、玻璃业、染料业、医药，农业上用作肥料。

理化特性

物理状态、外观：无色透明或白微带黄色的菱形结晶，味微苦，易潮解。

熔点(℃)：306.8

沸点(℃)：380(分解)

相对密度(水=1)：2.26

分解温度(℃)：380

辛醇/水分配系数：-0.79

危险性概述

危险性说明：可加剧燃烧：氧化剂，造成眼刺激，怀疑可造成遗传性缺陷，对器官造成损害，长时间或反复接触对器官造成损伤。

危险性类别：氧化性固体，类别 3；严重眼损伤/眼刺激，类别 2B；生殖细胞致突变性，类别 2；特异性靶器官毒性–一次接触，类别 1；特异性靶器官毒性–反复接触，类别 1。

象形图：

警示词：危险。

物理化学危险性：助燃。与可燃物混合能形成爆炸性混合物。

健康危害：对皮肤、黏膜有刺激性。大量口服中毒时，患者剧烈腹痛、呕吐、血便、休克、全身抽搐、昏迷，甚至死亡。

侵入途径：吸入、食入。

职业接触限值：

中国：未制定标准。

美国(ACGIH)：未制定标准。

包装与储运

联合国危险性类别：5.1

联合国次要危险性：—

联合国包装类别：Ⅲ类

安全储运：

储存于阴凉、通风的库房。远离火种、热源。库温不超过30℃，相对湿度不超过80%。应与还原剂、活性金属粉末、酸类、易(可)燃物等分开存放，切忌混储。储区应备有合适的材料收容泄漏物。

运输时单独装运，运输过程中要确保容器不泄漏、不倒塌、不坠落、不损坏。运输时运输车辆应配备相应品种和数量的消防器材及泄漏应急处理设备。严禁与酸类、易燃物、有机物、还原剂、自燃物品、遇湿易燃物品等并车混运。运输时车速不宜过快，不得强行超车。运输车辆装卸前后，均应彻底清扫、洗净，严禁混入有机物、易燃物等杂质。

紧急处置信息

急救措施：

吸入：迅速脱离现场至空气新鲜处。保持呼吸道通畅。如呼吸困难，给输氧。呼吸、心跳停止，立即进行心肺复苏术。就医。

皮肤接触：立即脱去污染的衣着，用流动清水彻底冲洗。就医。

眼睛接触：立即分开眼睑，用流动清水或生理盐水彻底冲洗。就医。

食入：漱口，饮水。就医。

灭火方法：

消防人员必须佩戴空气呼吸器、穿全身防火防毒服，在上风向灭火。尽可能将容器从火场移至空旷处。喷水保持火场容器冷却，直至灭火结束。切勿将水流直接射至熔融物，以免引起严重的流淌火灾或引起剧烈的沸溅。

灭火剂：本品不燃。根据着火原因选择适当灭火剂灭火。

泄漏应急处置：

隔离泄漏污染区，限制出入。建议应急处理人员戴防尘口罩，穿防毒服，戴氯丁橡胶手套。勿使泄漏物与可燃物质(如木材、纸、油等)接触。穿上适当的防护服前严禁接触破裂的容器和泄漏物。尽可能切断泄漏源。勿使水进入包装容器内。

小量泄漏：用洁净的铲子收集泄漏物，置于干净、干燥、盖子较松的容器中，将容器移离泄漏区。

大量泄漏：泄漏物回收后，用水冲洗泄漏区。

81. 溴

化学品标识信息

中文名称：溴　　　　**别名：**溴素

英文名称：bromine

CAS 号：7726-95-6　　　　**UN 号：**1744

主要用途：用作分析试剂、氧化剂、烯烃吸收剂、溴化剂，用于有机合成。

理化特性

物理状态、外观：暗红褐色发烟液体，有刺鼻气味。

熔点(℃)：-7.25

沸点(℃)：58.8

相对密度(水=1)：3.12

相对蒸气密度(空气=1)：5.51

饱和蒸气压(kPa)：23.33(20℃)

临界压力(MPa)：10.3

辛醇/水分配系数：1.03

黏度(mPa·s)：0.418(20℃)

危险性概述

危险性说明：吸入致命，造成严重的皮肤灼伤和眼损伤，造成严重眼损伤，对水生生物毒性非常大。

危险性类别：急性毒性-吸入，类别 2；皮肤腐蚀/刺激，类别 1A；严重眼损伤/眼刺激，类别 1；危害水生环境-急性危害，类别 1。

象形图： 

警示词：危险。

物理化学危险性：助燃。与可燃物接触易着火燃烧。

健康危害：对皮肤、黏膜有强烈刺激作用和腐蚀作用。吸入较低浓度，很快发生眼和呼吸道黏膜的刺激症状，并有头痛、眩晕、全身无力、胸部发紧、干咳、恶心和呕吐等症状；吸入高浓度时有剧咳、呼吸困难、哮喘。严重时可发生窒息、肺炎、肺水肿。可出现中枢神经系统症状。皮肤接触高浓度溴蒸气或液态溴可造成严重灼伤。长期吸入，除黏膜刺激症状外，还伴有神经衰弱综合征。

侵入途径：吸入、食入、经皮吸收。

职业接触限值：

中国：PC-TWA 0.6mg/m^3；PC-STEL 2mg/m^3。

美国(ACGIH)：TLV-TWA 0.1ppm；TLV-STEL 0.2ppm。

包装与储运

联合国危险性类别：8

联合国次要危险性：6.1

联合国包装类别： Ⅰ类

安全储运：

储存于阴凉、通风的库房。远离火种、热源。保持容器密封。应与还原剂、碱金属、易(可)燃物、金属粉末等分开存放，切忌混储。储区应备有泄漏应急处理设备和合适的收容材料。

起运时包装要完整，装载应稳妥。运输过程中要确保容器不泄漏、不倒塌、不坠落、不损坏。严禁与还原剂、碱金属、易燃物或可燃物、金属粉末、食用化学品等混装混运。运输时运输车辆应配备泄漏应急处理设备。运输途中应防曝晒、雨淋，防高温。公路运输时要按规定路线行驶，勿在居民区和人口稠密区停留。

紧急处置信息

急救措施：

吸入：迅速脱离现场至空气新鲜处。保持呼吸道通畅。如呼吸困难，给输氧。呼吸、心跳停止，立即进行心肺复苏术。就医。

皮肤接触：立即脱去污染的衣着，用大量流动清水彻底冲洗至少 15min。就医。

眼睛接触：立即分开眼睑，用流动清水或生理盐水彻底冲洗 5~10min。就医。

食入：用水漱口，禁止催吐。给饮牛奶或蛋清。就医。

灭火方法：

喷水保持火场容器冷却，直至灭火结束。用雾状水赶走泄漏的液体。用氨水从远处喷射，驱散蒸气，并使之中和。但对泄漏出来的溴液不可用氨水喷射，以免引起强烈反应，放热而产生大量有毒的溴蒸气。

灭火剂：本品不燃。根据着火原因选择适当灭火剂灭火。

泄漏应急处置：

根据液体流动和蒸气扩散的影响区域划定警戒区，无关人员从侧风、上风向撤离至安全区。建议应急处理人员戴正压自给式呼吸器，穿防腐蚀、防毒服，戴橡胶耐酸碱手套。穿上适当的防护服前严禁接触破裂的容器和泄漏物。尽可能切断泄漏源。防止泄漏物进入水体、下水道、地下室或有限空间。

小量泄漏：用干燥的砂土或其他不燃材料吸收或覆盖，收集于容器中。

大量泄漏：构筑围堤或挖坑收容。用耐腐蚀泵转移至槽车或专用收集器内。

82. 亚磷酸

化学品标识信息

中文名称：亚磷酸 **别名：**

英文名称：phosphorou sacid；orthophosphorus acid

CAS 号：13598-36-2 **UN 号：**2834

主要用途：作为制造塑料稳定剂的原料，也用于合成纤维和亚磷酸盐制造。

理化特性

物理状态、外观：白色或淡黄色结晶，有蒜味，易潮解。

熔点(℃)：73～73.8

沸点(℃)：200(分解)

相对密度(水=1)：1.65

辛醇/水分配系数：1.15

危险性概述

危险性说明：吞咽有害，造成严重的皮肤灼伤和眼损伤。

危险性类别：急性毒性-经口，类别 4；皮肤腐蚀/刺激，类别 1A；严重眼损伤/眼刺激，类别 1。

象形图：

警示词：危险。

物理化学危险性：不燃，无特殊燃爆特性。

健康危害：本品对呼吸道有刺激性。眼接触可致灼伤，造成永久性损害。皮肤接触可致灼伤。

侵入途径：吸入、食入。

职业接触限值：

中国：未制定标准。

美国(ACGIH)：未制定标准。

包装与储运

联合国危险性类别：8

联合国次要危险性：—

联合国包装类别：Ⅲ类

安全储运：

储存于阴凉、通风的库房。远离火种、热源。包装要求密封，不可与空气接触。应与碱类分开存放，切忌混储。储区应备有合适的材料收容泄漏物。

起运时包装要完整，装载应稳妥。运输过程中要确保容器不泄漏、不倒塌、不坠落、不损坏。严禁与碱类、食用化学品等混装混运。运输时运输车辆应配备泄漏应急处理设备。运输途中应防曝晒、雨淋，防高温。

紧急处置信息

急救措施：

吸入：迅速脱离现场至空气新鲜处。保持呼吸道通畅。如呼吸困难，给输氧。呼吸、心跳停止，立即进行心肺复苏术。就医。

皮肤接触：立即脱去污染的衣着，用大量流动清水彻底冲洗至少15min。就医。

眼睛接触：立即分开眼睑，用流动清水或生理盐水彻底冲洗5~10min。就医。

食入：用水漱口，禁止催吐。给饮牛奶或蛋清。就医。

灭火方法：

消防人员必须穿全身耐酸碱消防服、佩戴空气呼吸器灭火。尽可能将容器从火场移至空旷处。喷水保持火场容器冷却，直至灭火结束。

灭火剂：本品不燃。根据着火原因选择适当灭火剂灭火。

泄漏应急处置：

隔离泄漏污染区，限制出入。建议应急处理人员戴防尘口罩，穿防酸碱服，戴橡胶耐酸碱手套。穿上适当的防护服前严禁接触破裂的容器和泄漏物。尽可能切断泄漏源。用塑料布覆盖泄漏物，减少飞散。勿使水进入包装容器内。用洁净的铲子收集泄漏物，置于干净、干燥、盖子较松的容器中，将容器移离泄漏区。

83. 盐酸

化学品标识信息

中文名称： 盐酸　　**别名：** 氢氯酸

英文名称： hydrochlori cacid；chlorohydric muriatic acid

CAS 号： 7647-01-0　　**UN 号：** 1789

主要用途： 重要的无机化工原料，广泛用于染料、医药、食品、印染、皮革、冶金等行业。

理化特性

物理状态、外观： 无色或微黄色发烟液体，有刺鼻的酸味。

熔点(℃)： −114.8(纯)

沸点(℃)： 108.6(20%)

相对密度(水=1)： 1.1(20%)

相对蒸气密度(空气=1)： 1.26

饱和蒸气压(kPa)： 30.66(21℃)

危险性概述

危险性说明： 造成严重的皮肤灼伤和眼损伤，可能引起呼吸道刺激，对水生生物有毒。

危险性类别： 皮肤腐蚀/刺激，类别 1B；严重眼损伤/眼刺激，类别 1；特异性靶器官毒性−一次接触，类别 3(呼吸道刺激)；危害水生环境−急性危害，类别 2。

象形图： 

警示词：危险。

物理化学危险性：不燃，无特殊燃爆特性。

健康危害：接触其蒸气或雾，可引起急性中毒，出现眼结膜炎，鼻及口腔黏膜有烧灼感，鼻衄，齿龈出血，气管炎等。误服可引起消化道灼伤、溃疡形成，有可能引起胃穿孔、腹膜炎等。眼和皮肤接触可致灼伤。

慢性影响：长期接触，引起慢性鼻炎、慢性支气管炎、牙齿酸蚀症及皮肤损害。

侵入途径：吸入、食入。

职业接触限值：

中国：MAC　7.5mg/m^3。

美国(ACGIH)：TLV-C　2ppm。

包装与储运

联合国危险性类别：8

联合国次要危险性：—

联合国包装类别：Ⅱ类

安全储运：

储存于阴凉、通风的库房。库温不超过30℃，相对湿度不超过80%。保持容器密封。应与碱类、胺类、碱金属、易(可)燃物分开存放，切忌混储。储区应备有泄漏应急处理设备和合适的收容材料。

本品铁路运输时限使用有橡胶衬里钢制罐车或特制塑料企业自备罐车装运，装运前需报有关部门批准。起运时包装要完整，装载应稳妥。运输过程中要确保容器不泄漏、不倒塌、不坠落、不损坏。严禁与碱类、胺类、碱金属、易燃物或可燃物、食用化学品等混装混运。运输时运输车辆应配备泄漏应急处理设备。运输途中应防曝晒、雨淋，防高温。公路运输时要按规定路线行驶，勿在居民区和人口稠密区停留。

紧急处置信息

急救措施：

吸入：迅速脱离现场至空气新鲜处。保持呼吸道通畅。如呼吸困难，给输氧。呼吸、心跳停止，立即进行心肺复苏术。就医。

皮肤接触：立即脱去污染的衣着，用大量流动清水彻底冲洗至少 15min。就医。

眼睛接触：立即分开眼睑，用流动清水或生理盐水彻底冲洗 5~10min。就医。

食入：用水漱口，禁止催吐。给饮牛奶或蛋清。就医。

灭火方法：

消防人员必须穿全身耐酸碱消防服、佩戴空气呼吸器灭火。尽可能将容器从火场移至空旷处。喷水保持火场容器冷却，直至灭火结束。

灭火剂：本品不燃。根据着火原因选择适当灭火剂灭火。

泄漏应急处置：

根据液体流动和蒸气扩散的影响区域划定警戒区，无关人员从侧风、上风向撤离至安全区。建议应急处理人员戴正压自给式呼吸器，穿防酸碱服，戴橡胶耐酸碱手套。作业时使用的所有设备应接地。穿上适当的防护服前严禁接触破裂的容器和泄漏物。喷雾状水抑制蒸气或改变蒸气云流向，避免水流接触泄漏物。勿使水进入包装容器内。尽可能切断泄漏源。防止泄漏物进入水体、下水道、地下室或有限空间。

小量泄漏：用干燥的砂土或其他不燃材料覆盖泄漏物，也可以用大量水冲洗，洗水稀释后放入废水系统。

大量泄漏：构筑围堤或挖坑收容。用粉状石灰石（$CaCO_3$）、熟石灰、苏打灰（Na_2CO_3）或碳酸氢钠（$NaHCO_3$）中和。用抗溶性泡沫覆盖，减少蒸发。用耐腐蚀泵转移至槽车或专用收集器内。

84. 氧气

化学品标识信息

中文名称：氧气　　　　**别名：**氧

英文名称：oxygen

CAS 号：7782-44-7

UN 号：1072[压缩气体]；1073[冷冻液体]

主要用途：用于切割、焊接金属，制造医药、染料、炸药等。

理化特性

物理状态、外观：无色无味气体。

熔点(℃)：-218.8

沸点(℃)：-183.1

相对密度(水=1)：1.14(-183℃)

相对蒸气密度(空气=1)：1.43

饱和蒸气压(kPa)：506.62(-164℃)

临界温度(℃)：-118.95

临界压力(MPa)：5.08

辛醇/水分配系数：0.65

危险性概述

危险性说明：可引起燃烧或加剧燃烧；氧化剂，内装加压气体；遇热可能爆炸。

危险性类别：氧化性气体，类别 1；加压气体。

象形图：

警示词：危险。

物理化学危险性：助燃。

健康危害：

氧压的高低不同对机体各种生理功能的影响也不同。

肺型：见于在氧分压100~200kPa条件下，时间超过6~12h。开始时出现胸骨后不适感、轻咳，进而胸闷、胸骨后烧灼感和呼吸困难，咳嗽加剧；严重时可发生肺水肿，甚至出现呼吸窘迫综合征。

脑型：见于氧分压超过300kPa连续2~3h时，先出现面部肌肉抽动、面色苍白、眩晕、心动过速、虚脱，继而全身强直性抽搐、昏迷，呼吸衰竭而死亡。

眼型：长期处于氧分压为60~100kPa的条件下可发生眼损害，严重者可失明。

皮肤接触液态氧可引起冻伤。

侵入途径：吸入。

职业接触限值：

中国：未制定标准。

美国(ACGIH)：未制定标准。

包装与储运

联合国危险性类别：2.2

联合国次要危险性：5.1

联合国包装类别：—

安全储运：

储存于阴凉、通风的不燃气体专用库房。远离火种、热源。库温不宜超过30℃。应与易(可)燃物、活性金属粉末等分开存放，切忌混储。储区应备有泄漏应急处理设备。

氧气钢瓶不得沾污油脂。采用钢瓶运输时必须戴好钢瓶上的安全帽。钢瓶一般平放，并应将瓶口朝同一方向，不可交叉；高度不得超过车辆的防护栏板，并用三角木垫卡牢，防止滚动。严禁与易燃物或可燃物、活性金属粉末等混装混运。夏季应早晚运输，防止日光曝晒。铁路运输时要禁止溜放。

紧急处置信息

急救措施：

吸入：迅速脱离现场至空气新鲜处。保持呼吸道通畅。呼吸、心跳停止，立即进行心肺复苏术。就医。

皮肤接触：如发生冻伤，用温水(38~42℃)复温，忌用热水或辐射热，不要揉搓。就医。

灭火方法：

切断气源。喷水冷却容器，可能的话将容器从火场移至空旷处。

灭火剂：本品不燃。根据着火原因选择适当灭火剂灭火。

泄漏应急处置：

消除所有点火源。根据气体扩散的影响区域划定警戒区，无关人员从侧风、上风向撤离至安全区。建议应急处理人员戴正压自给式呼吸器，穿一般作业工作服。勿使泄漏物与可燃物质(如木材、纸、油等)接触。尽可能切断泄漏源。喷雾状水抑制蒸气或改变蒸气云流向。漏出气允许排入大气中。隔离泄漏区直至气体散尽。

85. 液化石油气

化学品标识信息

中文名称： 液化石油气 **别名：** 压凝汽油

英文名称： liquefied petroleum gas；compressed petroleum gas；LPG

CAS 号： 68476-85-7 **UN 号：** 1075

主要用途： 主要用作民用燃料、发动机燃料、制氢原料、加热炉燃料以及打火机的气体燃料等，也可用作石油化工的原料。

理化特性

物理状态： 由炼厂气加压液化得到的一种无色挥发性液体，有特殊臭味。

爆炸上限[%(V/V)]： 9.5 **爆炸下限[%(V/V)]：** 2.3

熔点(℃)： -160~-107 **沸点(℃)：** -12~4

相对蒸气密度(空气=1)： 1.5~2.0

相对密度(水=1)： 0.5~0.6

饱和蒸气压(kPa)： ≤1380kPa(37.8℃)

闪点(℃)： -80~-60

自燃温度(℃)： 426~537

危险性概述

危险性说明： 极易燃气体，内装加压气体；遇热可能爆炸，可造成遗传性缺陷。

危险性类别： 易燃气体，类别 1；加压气体；生殖细胞致突变性，类别 1B。

象形图：   

警告词： 危险。

物理、化学危险性： 极易燃，与空气混合能形成爆炸性混合物。

健康危害： 本品有麻醉作用。

急性液化石油气轻度中毒主要表现为头昏、头痛、咳嗽、食欲减退、乏力、失眠等；重者失去知觉、小便失禁、呼吸变浅变慢。

皮肤接触液态本品，可引起冻伤。

侵入途径： 吸入。

职业接触限值：

中国：PC-TWA 1000mg/m^3；PC-STEL 1500mg/m^3。

美国(ACGIH)：TLV-TWA 1000ppm。

包装与储运

联合国危险性类别： 2.1

联合国次要危险性： —

联合国包装类别： —

安全储运：

储存于阴凉、通风的易燃气体专用库房。远离火种、热源。库温不宜超过30℃。应与氧化剂、卤素分开存放，切忌混储。采用防爆型照明、通风设施。禁止使用易产生火花的机械设备和工具。储区应备有泄漏应急处理设备。

本品铁路运输时限使用耐压液化气企业自备罐车装运，装运前需报有关部门批准。装有液化石油气的气瓶(即石油气的气瓶)禁止铁路运输。采用钢瓶运输时必须戴好钢瓶上的安全帽。钢瓶一般平放，并应将瓶口朝同一方向，不可交叉；高度不得超过车辆的防护栏板，并用三角木垫卡牢，防止滚动。运输时运输车辆应配备相应品种和数量的消防器材。装运该物品的车辆排气管必须配备阻火装置，禁止使用易产生火花的机械设备和工具装卸。严禁与氧化剂、卤素等混装混运。夏季应早晚运输，防止日光曝晒。中途停留时应远离火种、热源。公路运输时要按规定路线行驶，勿在居民区和人口稠密区停留。铁路运输时要禁止溜放。

紧急处置信息

急救措施：

吸入：迅速脱离现场至空气新鲜处。保持呼吸道通畅。如呼吸困难，给输氧。呼吸、心跳停止，立即进行心肺复苏术。就医。

皮肤接触：如发生冻伤，用温水（38～42℃）复温，忌用热水或辐射热，不要揉搓。就医。

灭火方法：

切断气源。若不能切断气源，则不允许熄灭泄漏处的火焰。消防人员必须佩戴空气呼吸器、穿全身防火防毒服，在上风向灭火。尽可能将容器从火场移至空旷处。喷水保持火场容器冷却，直至灭火结束。

灭火剂：用雾状水、泡沫、二氧化碳灭火。

泄漏应急处置：

消除所有点火源。根据气体扩散的影响区域划定警戒区，无关人员从侧风、上风向撤离至安全区。建议应急处理人员戴正压自给式呼吸器，穿防静电、防寒服。作业时使用的所有设备应接地。禁止接触或跨越泄漏物。尽可能切断泄漏源。若可能翻转容器，使之逸出气体而非液体。喷雾状水抑制蒸气或改变蒸气云流向，避免水流接触泄漏物。禁止用水直接冲击泄漏物或泄漏源。防止气体通过下水道、通风系统和有限空间扩散。隔离泄漏区直至气体散尽。

86. 一甲胺[无水]

化学品标识信息

中文名称：一甲胺[无水]　　**别名：**氨基甲烷

英文名称：monomethylamine(anhydrous)；aminomethane

CAS 号：74-89-5　　**UN 号：**1061

主要用途：用于橡胶硫化促进剂、染料、医药、杀虫剂、表面活性剂的合成等。

理化特性

物理状态：无色气体，有似氨的气味。

爆炸上限[%(V/V)]：21

爆炸下限[%(V/V)]：5

熔点(℃)：-93.5

沸点(℃)：-6.3

相对蒸气密度(空气=1)：1.08

相对密度(水=1)：0.66(25℃)

饱和蒸气压(kPa)：304(20℃)

燃烧热(kJ/mol)：1085.6

临界压力(MPa)：7.614

辛醇/水分配系数：-0.57

闪点(℃)：-10；0(CC)

自燃温度(℃)：430

临界温度(℃)：157.6

黏度(mPa·s)：0.23(0℃)

危险性概述

危险性说明：极易燃气体，内装加压气体；遇热可能爆炸，吸入有害，造成皮肤刺激，造成严重眼损伤，可能引起呼吸道刺激，可能引起昏昏欲睡或眩晕。

危险性类别：易燃气体，类别1；加压气体；急性毒性-吸入，类别4；皮肤腐蚀/刺激，类别2；严重眼损伤/眼刺激，类别1；特异性靶器官毒性-一次接触，类别3(呼吸道刺激)。

象形图：   

警告词：危险。

物理、化学危险性：极易燃，与空气混合能形成爆炸性混合物。

健康危害：本品具有强烈刺激性和腐蚀性。吸入后，可引起咽喉炎、支气管炎、支气管肺炎，重者可致肺水肿、呼吸窘迫综合征而死亡；极高浓度吸入引起声门痉挛、喉水肿而很快窒息死亡。可致呼吸道灼伤。对眼和皮肤有强烈刺激和腐蚀性，可致严重灼伤。口服溶液可致口、咽、食道灼伤。

侵入途径：吸入。

职业接触限值：

中国：PC-TWA　5mg/m^3；PC-STEL　10mg/m^3。

美国(ACGIH)：TLV-TWA　5ppm；TLV-STEL　15ppm。

包装与储运

联合国危险性类别：2.1

联合国次要危险性：—

联合国包装类别：—

安全储运：

储存于阴凉、通风的易燃气体专用库房。远离火种、热源。库温不宜超过30℃。保持容器密封。应与氧化剂、酸类、卤素等分开存放，切忌混储。采用防爆型照明、通风设施。禁止使用易产生火花的机械设备和工具。储区应备有泄漏应急处理设备。

本品铁路运输时限使用耐压液化气企业自备罐车装运，装运前需报有关部门批准。采用钢瓶运输时必须戴好钢瓶上的安全帽。钢瓶一般平放，并应将瓶口朝同一方向，不可交叉；高度不得超过车辆的防护栏板，并用三角木垫卡牢，防止滚动。运输时运输车辆应配备相应品种和数量的消防器材。装运该物品的车辆排气管必须配备阻火装置，禁止使用易产生火花的机械设备和工具装卸。严禁与氧化剂、酸类、卤素、食用化学品等混装混运。夏季应早晚运输，防止日光曝晒。中途停留时应远离火种、热源。公路运输时要按规定路线行驶，禁止在居民区和人口稠密区停留。铁路运输时要禁止溜放。

紧急处置信息

急救措施：

吸入：迅速脱离现场至空气新鲜处。保持呼吸道通畅。如呼吸困难，给输氧。呼吸、心跳停止，立即进行心肺复苏术。就医。

皮肤接触：立即脱去污染的衣着，用大量流动清水彻底冲洗至少15min。就医。

眼睛接触：立即分开眼睑，用流动清水或生理盐水彻底冲洗5~10min。就医。

食入：用水漱口，禁止催吐。给饮牛奶或蛋清。就医。

灭火方法：

切断气源。若不能切断气源，则不允许熄灭泄漏处的火焰。消防人员必须佩戴空气呼吸器、穿全身防火防毒服，在上风向灭火。尽可能将容器从火场移至空旷处。喷水保持火场容器冷却，直至灭火结束。灭火剂：用雾状水、抗溶性泡沫、干粉、二氧化碳灭火。

泄漏应急处置：

消除所有点火源。根据气体扩散的影响区域划定警戒区，无关人员从侧风、上风向撤离至安全区。建议应急处理人员戴正压自给式呼吸器，穿防静电、防腐蚀、防毒服，戴橡胶手套。作业时使用的所有设备应接地。尽可能切断泄漏源。喷雾状水抑制蒸气或改变蒸气云流向。禁止用水直接冲击泄漏物或泄漏源。若是液体泄漏，构筑围堤或挖坑收容液体泄漏物。用砂土、惰性物质或蛭石等吸收。隔离泄漏区，通风至气体散尽。

87. 一氯甲烷

化学品标识信息

中文名称：一氯甲烷　　**别名：**甲基氯

英文名称：methyl chloride；chloromethane

CAS 号：74-87-3　　**UN 号：**1063

主要用途：主要用作制冷剂、甲基化剂，还用于有机合成。

理化特性

物理状态、外观：无色易液化的气体，具有弱的醚味。

爆炸下限[%(V/V)]：8.1

爆炸上限[%(V/V)]：17.4

熔点(℃)：-97.7

沸点(℃)：-23.7

相对密度(水=1)：0.92

相对蒸气密度(空气=1)：1.8

闪点(℃)：-46

自燃温度(℃)：632

饱和蒸气压(kPa)：506.62(22℃)

燃烧热(kJ/mol)：620.27

临界温度(℃)：143.8

临界压力(MPa)：6.68

辛醇/水分配系数：0.91

危险性概述

危险性说明：易燃气体，内装加压气体；遇热可能爆炸，长时间或反复接触可能对器官造成伤害。

危险性类别： 易燃气体，类别 1；加压气体；特异性靶器官毒性-反复接触，类别 2 *。

象形图：  

警示词： 危险。

物理化学危险性： 极易燃，与空气混合能形成爆炸性混合物。遇热、明火、强氧化剂易燃，并生成光气。接触铝及其合金能生成自燃性的铝化合物。

健康危害： 本品有刺激和麻醉作用，严重损伤中枢神经系统，亦能损害肝、肾和睾丸。急性中毒：轻度者有头痛、眩晕、恶心、呕吐、视力模糊、步态蹒跚、精神错乱等。严重中毒时，可出现谵妄、躁动、抽搐、震颤、视力障碍、昏迷，呼气中有酮体味。尿中检出甲酸盐和酮体有助于诊断。皮肤接触可因氯甲烷在体表迅速蒸发而致冻伤。慢性影响：低浓度长期接触，可发生困倦、嗜睡、头痛、感觉异常、情绪不稳等症状，较重者有步态蹒跚、视力障碍及震颤等症状。

侵入途径： 吸入。

职业接触限值：

中国：PC－TWA　60mg/m^3；PC－STEL　120mg/m^3（皮）。

美国（ACGIH）：TLV－TWA　50ppm；TLV－STEL　100ppm（皮）。

包装与储运

联合国危险性类别： 2.1

联合国次要危险性： —

联合国包装类别： —

安全储运：

储存于阴凉、干燥、通风良好的库房。远离火种、热源。库房内温度不宜超过30℃。应与氧化剂分开存放，切忌混储。采用防爆型照明、通风设施。禁止使用易产生火花的机械设备和工具。储存区应备有泄漏应急处理设备。

运输车辆应有危险货物运输标志、安装具有行驶记录功能的卫星定位装置。未经公安机关批准，运输车辆不得进入危险化学品运输车辆限制通行的区域。采用钢瓶运输时必须戴好钢瓶上的安全帽。钢瓶一般平放，瓶口朝向车辆行驶方向的右方，堆放高度不得超过车辆的防护栏板，并用三角木垫卡牢，防止滚动。运输时运输车辆应配备相应品种和数量的消防器材，车辆排气管必须配备阻火装置，禁止使用易产生火花的机械设备和工具装卸。严禁与氧化剂、食用化学品等混装混运。中途停留时应远离火种、热源。夏季应早晚运输，防止日光曝晒。

紧急处置信息

急救措施：

吸入：迅速脱离现场至空气新鲜处。保持呼吸道通畅。如呼吸困难，给氧。如呼吸停止，立即进行人工呼吸。就医。

皮肤接触：如果发生冻伤：将患部浸泡于保持在38~42℃的温水中复温。不要涂擦。不要使用热水或辐射热。使用清洁、干燥的敷料包扎。如有不适感，就医。

灭火方法：

切断气源。若不能切断气源，则不允许熄灭泄漏处的火焰。喷水冷却容器，尽可能将容器从火场移至空旷处。

灭火剂：雾状水、泡沫、二氧化碳。

泄漏应急处置：

消除所有点火源。根据气体的影响区域划定警戒区，无关人员从侧风、上风向撤离至安全区。建议应急处理人员穿内置正压自给式空气呼吸器的全封闭防化服。如果是液化气体泄漏，还应注意防冻伤。作业时使用的所有设备应接地。禁止接触或跨越泄漏物。尽可能切断泄漏源。若可能翻转容器，使之逸出气体而非液体。喷雾状水抑制蒸气或改变蒸气云流向，避免水流接触泄漏物。禁止用水直接冲击泄漏物或泄漏源。防止气体通过下水道、通风系统和密闭性空间扩散。隔离泄漏区直至气体散尽。作为一项紧急预防措施，泄漏隔离距离至少为100m。如果为大量泄漏，下风向的初始疏散距离应至少为800m。

88. 一氧化碳

化学品标识信息

中文名称：一氧化碳　　**别名：**
英文名称：carbon monoxide；flue gas
CAS 号：630-08-0　　**UN 号：**1016
主要用途：主要用于化学合成，如合成甲醇、光气等，用作燃料及精炼金属的还原剂。

理化特性

物理状态、外观：无色无味气体。
爆炸下限[%(V/V)]：12.5
爆炸上限[%(V/V)]：74.2
熔点(℃)：-205
沸点(℃)：-191.5
相对密度(水=1)：1.25(0℃)
相对蒸气密度(空气=1)：0.97
临界压力(MPa)：3.50
辛醇/水分配系数：1.78
闪点(℃)：<-50
自燃温度(℃)：610
临界温度(℃)：-140.2

危险性概述

危险性说明：极易燃气体，内装加压气体；遇热可能爆炸，吸入会中毒，可能对生育力或胎儿造成伤害，长时间或反复接触对器官造成损伤。
危险性类别：易燃气体，类别 1；加压气体；急性毒性-

吸入，类别 3；生殖毒性，类别 1A；特异性靶器官毒性-反复接触，类别 1。

象形图：    

警示词： 危险。

物理化学危险性： 极易燃，与空气混合能形成爆炸性混合物。

健康危害：

一氧化碳在血中与血红蛋白结合而造成组织缺氧。

急性中毒：轻度中毒者出现剧烈头痛、头晕、耳鸣、心悸、恶心、呕吐、无力，轻度至中度意识障碍但无昏迷，血液碳氧血红蛋白浓度可高于 10%；中度中毒者除上述症状外，意识障碍表现为浅至中度昏迷，但经抢救后恢复且无明显并发症，血液碳氧血红蛋白浓度可高于 30%；重度患者出现深度昏迷或去大脑强直状态、休克、脑水肿、肺水肿、严重心肌损害、锥体系或锥体外系损害、呼吸衰竭等，血液碳氧血红蛋白可高于 50%。部分患意识障碍恢复后，约经 2~60 天的“假愈期”，又可能出现迟发性脑病，以意识精神障碍、锥体系或锥体外系损害为主。

慢性影响：能否造成慢性中毒及对心血管影响无定论。

侵入途径： 吸入。

职业接触限值：

中国：MAC 20mg/m^3（高原海拔 2000m ~ 3000m）；15mg/m^3（高原海拔 >3000m）PC-TWA 20mg/m^3（非高原）；PC-STEL 30mg/m^3（非高原）。

美国（ACGIH）：TLV-TWA 25ppm。

包装与储运

联合国危险性类别： 2.3

联合国次要危险性： 2.1

联合国包装类别： —

安全储运：

储存于阴凉、通风的易燃气体专用库房。远离火种、热源。库温不宜超过30℃。应与氧化剂、碱类、食用化学品分开存放，切忌混储。采用防爆型照明、通风设施。禁止使用易产生火花的机械设备和工具。储区应备有泄漏应急处理设备。

采用钢瓶运输时必须戴好钢瓶上的安全帽。钢瓶一般平放，并应将瓶口朝同一方向，不可交叉；高度不得超过车辆的防护栏板，并用三角木垫卡牢，防止滚动。运输时运输车辆应配备相应品种和数量的消防器材。装运该物品的车辆排气管必须配备阻火装置，禁止使用易产生火花的机械设备和工具装卸。严禁与氧化剂、碱类、食用化学品等混装混运。夏季应早晚运输，防止日光曝晒。中途停留时应远离火种、热源。公路运输时要按规定路线行驶，禁止在居民区和人口稠密区停留。铁路运输时要禁止溜放。

紧急处置信息

急救措施：

吸入：迅速脱离现场至空气新鲜处。保持呼吸道通畅。如呼吸困难，给输氧。呼吸、心跳停止，立即进行心肺复苏术。就医。

灭火方法：

切断气源。若不能切断气源，则不允许熄灭泄漏处的火焰。消防人员必须佩戴空气呼吸器、穿全身防火防毒服，在上风向灭火。尽可能将容器从火场移至空旷处。喷水保持火场容器冷却，直至灭火结束。

灭火剂：用雾状水、泡沫、二氧化碳、干粉灭火。

泄漏应急处置：

消除所有点火源。根据气体扩散的影响区域划定警戒区，无关人员从侧风、上风向撤离至安全区。建议应急处理人员戴正压自给式呼吸器，穿防静电服。作业时使用的所有设备应接地。尽可能切断泄漏源。喷雾状水抑制蒸气或改变蒸气云流向。防止气体通过下水道、通风系统和有限空间扩散。隔离泄漏区直至气体散尽。

89. 乙醇

化学品标识信息

中文名称：乙醇　　**别名：**酒精

英文名称：ethanol；ethylalcohol

CAS 号：64-17-5　　**UN 号：**1170

主要用途：用于制酒工业、有机合成、消毒以及用作溶剂。

理化特性

物理状态、外观：无色液体，有酒香。

爆炸下限[%(V/V)]：3.3

爆炸上限[%(V/V)]：19.0

熔点(℃)：-114.1

沸点(℃)：78.3

相对密度(水=1)：0.79(20℃)

相对蒸气密度(空气=1)：1.59

饱和蒸气压(kPa)：5.8(20℃)

燃烧热(kJ/mol)：1365.5

临界压力(MPa)：6.38

辛醇/水分配系数：-0.32

闪点(℃)：13(CC)；17(OC)

自燃温度(℃)：363

临界温度(℃)：243.1

黏度(mPa·s)：1.07(20℃)

危险性概述

危险性说明：高度易燃液体和蒸气。

危险性类别： 易燃液体，类别 2。

象形图： 

警示词： 危险。

物理化学危险性： 高度易燃，其蒸气与空气混合，能形成爆炸性混合物。

健康危害：

本品为中枢神经系统抑制剂。首先引起兴奋，随后抑制。

急性中毒：主要见于过量饮酒者，职业中毒者少见。轻度中毒和中毒早期表现为兴奋、欣快、言语增多、颜面潮红或苍白、步态不稳、轻度动作不协调、判断力障碍、语无伦次、眼球震颤，甚至昏睡。重度中毒可出现昏迷、呼吸表浅或呈潮式呼吸，并可因呼吸麻痹或循环衰竭而死亡。吸入高浓度乙醇蒸气可出现酒醉感、头昏、乏力、兴奋和轻度的眼、上呼吸道黏膜刺激等症状，但一般不引起严重中毒。

慢性中毒：长期酗酒者可见面部毛细血管扩张、皮肤营养障碍、慢性胃炎、胃溃疡、肝炎、肝硬化、肝功能衰竭、心肌损害、肌病、多发性神经病等。皮肤长期反复接触乙醇液体，可引起局部干燥、脱屑、皲裂和皮炎。

侵入途径： 吸入、食入、经皮吸收。

职业接触限值：

中国：未制定标准。

美国(ACGIH)：TLV-TWA　1000ppm。

包装与储运

联合国危险性类别： 3

联合国次要危险性：

联合国包装类别： Ⅱ类

安全储运：

储存于阴凉、通风的库房。远离火种、热源。库温不宜超过37℃．保持容器密封。应与氧化剂、酸类、碱金属、胺类等分开存放，切忌混储。采用防爆型照明、通风设施。禁止使用易产生火花的机械设备和工具。储区应备有泄漏应急处理设备和合适的收容材料。

本品铁路运输时限使用钢制企业自备罐车装运，装运前需报有关部门批准。运输时运输车辆应配备相应品种和数量的消防器材及泄漏应急处理设备。夏季最好早晚运输。运输时所用的槽(罐)车应有接地链，槽内可设孔隔板以减少震荡产生静电。严禁与氧化剂、酸类、碱金属、胺类、食用化学品等混装混运。运输途中应防曝晒、雨淋，防高温。中途停留时应远离火种、热源、高温区。装运该物品的车辆排气管必须配备阻火装置，禁止使用易产生火花的机械设备和工具装卸。公路运输时要按规定路线行驶，勿在居民区和人口稠密区停留。铁路运输时要禁止溜放。严禁用木船、水泥船散装运输。

紧急处置信息

急救措施：

吸入：迅速脱离现场至空气新鲜处。保持呼吸道通畅。如呼吸困难，给输氧。呼吸、心跳停止，立即进行心肺复苏术。就医。

皮肤接触：立即脱去污染的衣着，用流动清水彻底冲洗。就医。

眼睛接触：立即分开眼睑，用流动清水或生理盐水彻底冲洗。就医。

食入：饮适量温水，催吐(仅限于清醒者)。就医。

灭火方法：

消防人员须佩戴防毒面具、穿全身消防服，在上风向灭火。尽可能将容器从火场移至空旷处。喷水保持火场容器冷却，直至灭火结束。容器突然发出异常声音或出现异常现象，应立即撤离。

灭火剂：用抗溶性泡沫、干粉、二氧化碳、砂土灭火。

泄漏应急处置：

消除所有点火源。根据液体流动和蒸气扩散的影响区域划定警戒区，无关人员从侧风、上风向撤离至安全区。建议应急处理人员戴正压自给式呼吸器，穿防静电服。作业时使用的所有设备应接地。禁止接触或跨越泄漏物。尽可能切断泄漏源。防止泄漏物进入水体、下水道、地下室或有限空间。

小量泄漏：用砂土或其他不燃材料吸收。使用洁净的无火花工具收集吸收材料。

大量泄漏：构筑围堤或挖坑收容。用抗溶性泡沫覆盖，减少蒸发。喷水雾能减少蒸发，但不能降低泄漏物在有限空间内的易燃性。用防爆泵转移至槽车或专用收集器内。喷雾状水驱散蒸气、稀释液体泄漏物。

90. 乙腈

化学品标识信息

中文名称： 乙腈　　**别名：** 甲基氰

英文名称： acetonitrile；methyl cyanide

CAS 号： 75-05-8　　**UN 号：** 1648

主要用途： 用于制维生素 B1 等药物和香料等，也用作脂肪酸萃取剂等。

理化特性

物理状态、外观： 无色液体，有刺激性气味。

爆炸下限[%(V/V)]： 3.0

爆炸上限[%(V/V)]： 16.0

熔点(℃)： -45

沸点(℃)： 81.6

相对密度(水=1)： 0.79(15℃)

相对蒸气密度(空气=1)： 1.42

饱和蒸气压(kPa)： 13.33(27℃)

燃烧热(kJ/mol)： 1264.0

临界压力(MPa)： 4.83

辛醇/水分配系数： -0.34

闪点(℃)： 12.8(CC)；6(OC)

自燃温度(℃)： 524

临界温度(℃)： 274.7

黏度(mPa · s)： 0.35(20℃)

危险性概述

危险性说明：高度易燃液体和蒸气，吞咽有害，皮肤接触有害，吸入有害，造成严重眼刺激。

危险性类别：易燃液体，类别 2；急性毒性-经口，类别 4；急性毒性-经皮，类别 4；急性毒性-吸入，类别 4；严重眼损伤/眼刺激，类别 2。

象形图：

警示词：危险。

物理化学危险性：高度易燃，其蒸气与空气混合，能形成爆炸性混合物。

健康危害：乙腈急性中毒发病较氢氰酸慢，可有数小时潜伏期。主要症状为衰弱、无力、面色灰白、恶心、呕吐、腹痛、腹泻、胸闷、胸痛；严重者呼吸及循环系统紊乱，呼吸浅、慢而不规则，血压下降，脉搏细而慢，体温下降，阵发性抽搐，昏迷。可有尿频、蛋白尿等。

侵入途径：吸入、食入、经皮吸收。

职业接触限值：

中国：PC-TWA　30mg/m^3。

美国(ACGIH)：TLV-TWA　20ppm[皮]。

包装与储运

联合国危险性类别：3

联合国次要危险性：—

联合国包装类别：Ⅱ类

安全储运：

储存于阴凉、通风的库房。远离火种、热源。库温不宜超过37℃。保持容器密封。应与氧化剂、还原剂、酸类、碱类、易（可）燃物、食用化学品分开存放，切忌混储。采用防爆型照明、通风设施。禁止使用易产生火花的机械设备和工具。储区应备有泄漏应急处理设备和合适的收容材料。

运输时运输车辆应配备相应品种和数量的消防器材及泄漏应急处理设备。夏季最好早晚运输。运输时所用的槽（罐）车应有接地链，槽内可设孔隔板以减少震荡产生静电。严禁与氧化剂、还原剂、酸类、碱类、易燃物或可燃物、食用化学品等混装混运。运输途中应防曝晒、雨淋，防高温。中途停留时应远离火种、热源、高温区。装运该物品的车辆排气管必须配备阻火装置，禁止使用易产生火花的机械设备和工具装卸。公路运输时要按规定路线行驶，勿在居民区和人口稠密区停留。铁路运输时要禁止溜放。严禁用木船、水泥船散装运输。

紧急处置信息

急救措施：

吸入：迅速脱离现场至空气新鲜处。保持呼吸道通畅。如呼吸困难，给输氧。呼吸、心跳停止，立即进行心肺复苏术。就医。

皮肤接触：立即脱去污染的衣着，用肥皂水和清水彻底冲洗。就医。

眼睛接触：立即分开眼睑，用流动清水或生理盐水彻底冲洗。就医。

食入：催吐（仅限于清醒者），给服活性炭悬液。就医。

灭火方法：

消防人员必须佩戴空气呼吸器、穿全身防火防毒服，在上风向灭火。喷水冷却容器，可能的话将容器从火场移至空旷处。容器突然发出异常声音或出现异常现象，应立即撤离。

灭火剂：用抗溶性泡沫、干粉、二氧化碳、砂土灭火。

泄漏应急处置：

消除所有点火源。根据液体流动和蒸气扩散的影响区域划定警戒区，无关人员从侧风、上风向撤离至安全区。建议应急处理人员戴正压自给式呼吸器，穿防毒、防静电服，戴橡胶耐油手套。作业时使用的所有设备应接地。禁止接触或跨越泄漏物。尽可能切断泄漏源。防止泄漏物进入水体、下水道、地下室或有限空间。

小量泄漏：用砂土或其他不燃材料吸收。使用洁净的无火花工具收集吸收材料。

大量泄漏：构筑围堤或挖坑收容。用抗溶性泡沫覆盖，减少蒸发。喷水雾能减少蒸发，但不能降低泄漏物在有限空间内的易燃性。用防爆泵转移至槽车或专用收集器内。喷雾状水驱散蒸气、稀释液体泄漏物。

91. 乙醚

化学品标识信息

中文名称：乙醚　　**别名：**二乙醚

英文名称：ethyl ether；diethyl ether

CAS 号：60-29-7　　**UN 号：**1155

主要用途：用作溶剂，医学上用作麻醉剂。

理化特性

物理状态、外观：无色透明液体，有芳香气味，极易挥发。

爆炸下限[%(V/V)]：1.7

爆炸上限[%(V/V)]：49.0

熔点(℃)：-116.2

沸点(℃)：34.6

相对密度(水=1)：0.71(20℃)

相对蒸气密度(空气=1)：2.56

饱和蒸气压(kPa)：58.92(20℃)

燃烧热(kJ/mol)：2748.4

临界温度(℃)：192.7

临界压力(MPa)：3.61

辛醇/水分配系数：0.89

闪点(℃)：-45(CC)

自燃温度(℃)：160~180

黏度(mPa·s)：0.22(25℃)

危险性概述

危险性说明：极易燃液体和蒸气，吞咽有害，可能引起昏昏欲睡或眩晕。

危险性类别：易燃液体，类别1；急性毒性-经口，类别4；特异性靶器官毒性--一次接触，类别3（麻醉效应）。

象形图： 

警示词：危险。

物理化学危险性：极易燃，其蒸气与空气混合，能形成爆炸性混合物。

健康危害：

本品的主要作用为全身麻醉。

急性大量接触，早期出现兴奋，继而嗜睡、呕吐、面色苍白、脉缓、体温下降和呼吸不规则，危及生命。急性接触后的暂时后作用有头痛、易激动或抑郁、流涎、呕吐、食欲下降和多汗等。液体或高浓度蒸气对眼有刺激性。

慢性影响：长期低浓度吸入，有头痛、头晕、疲倦、嗜睡、蛋白尿、红细胞增多症。长期皮肤接触，可发生皮肤干燥、皲裂。

侵入途径：吸入、食入、经皮吸收。

职业接触限值：

中国：PC-TWA 300mg/m^3；PC-STEL 500mg/m^3。

美国（ACGIH）：TLV-TWA 400ppm；TLV-STEL 500ppm。

包装与储运

联合国危险性类别：3

联合国次要危险性：—

联合国包装类别：Ⅰ类

安全储运：

通常商品加有稳定剂。储存于阴凉、通风的库房。远离火种、热源。库温不宜超过 29℃。包装要求密封，不可与空气接触。应与氧化剂等分开存放，切忌混储。不宜大量储存或久存。采用防爆型照明、通风设施。禁止使用易产生火花的机械设备和工具。储区应备有泄漏应急处理设备和合适的收容材料。

采用铁路运输，每年 4~9 月使用小开口钢桶包装时，限按冷藏运输。运输时运输车辆应配备相应品种和数量的消防器材及泄漏应急处理设备。夏季最好早晚运输。运输时所用的槽(罐)车应有接地链，槽内可设孔隔板以减少震荡产生静电。严禁与氧化剂、食用化学品等混装混运。运输途中应防曝晒、雨淋，防高温。中途停留时应远离火种、热源、高温区。装运该物品的车辆排气管必须配备阻火装置，禁止使用易产生火花的机械设备和工具装卸。公路运输时要按规定路线行驶，勿在居民区和人口稠密区停留。铁路运输时要禁止溜放。严禁用木船、水泥船散装运输。

紧急处置信息

急救措施：

吸入：迅速脱离现场至空气新鲜处。保持呼吸道通畅。如呼吸困难，给输氧。呼吸、心跳停止，立即进行心肺复苏术。就医。

皮肤接触：立即脱去污染的衣着，用流动清水彻底冲洗。就医。

眼睛接触：立即分开眼睑，用流动清水或生理盐水彻底冲洗。就医。

食入：漱口，饮水。就医。

灭火方法：

消防人员须佩戴防毒面具、穿全身消防服，在上风向灭火。尽可能将容器从火场移至空旷处。喷水保持火场容器冷却，直至灭火结束。容器突然发出异常声音或出现异常现象，应立即撤离。用水灭火无效。

灭火剂：用泡沫、二氧化碳、干粉、砂土灭火。

泄漏应急处置：

消除所有点火源。根据液体流动和蒸气扩散的影响区域划定警戒区，无关人员从侧风、上风向撤离至安全区。建议应急处理人员戴正压自给式呼吸器，穿防静电服，戴橡胶耐油手套。作业时使用的所有设备应接地。禁止接触或跨越泄漏物。尽可能切断泄漏源。防止泄漏物进入水体、下水道、地下室或有限空间。

小量泄漏：用砂土或其他不燃材料吸收。使用洁净的无火花工具收集吸收材料。

大量泄漏：构筑围堤或挖坑收容。用抗溶性泡沫覆盖，减少蒸发。喷水雾能减少蒸发，但不能降低泄漏物在有限空间内的易燃性。用防爆泵转移至槽车或专用收集器内。

92. 乙醛

化学品标识信息

中文名称：乙醛 **别名：**醋醛

英文名称：acetaldehyde；acetic aldehyde

CAS 号：75-07-0 **UN 号：**1089

主要用途：用于制造醋酸、醋酐和合成树脂。

理化特性

物理状态、外观：无色液体，有强烈的刺激臭味。

爆炸下限[%(V/V)]：4.0

爆炸上限[%(V/V)]：57

熔点(℃)：-123.5

沸点(℃)：20.8

相对密度(水=1)：0.788(16℃)

相对蒸气密度(空气=1)：1.52

饱和蒸气压(kPa)：98.64(20℃)

燃烧热(kJ/mol)：1166.37

临界温度(℃)：188

临界压力(MPa)：6.4

辛醇/水分配系数：0.43

闪点(℃)：-39(CC)；-40(OC)

自燃温度(℃)：175

黏度(mPa·s)：0.215(20℃)

危险性概述

危险性说明：极易燃液体和蒸气，造成严重眼刺激，怀疑致癌，可能引起呼吸道刺激，对水生生物有害。

危险性类别：易燃液体，类别 1；严重眼损伤/眼刺激，类别 2；致癌性，类别 2；特异性靶器官毒性——一次接触，类别 3(呼吸道刺激)；危害水生环境-急性危害，类别 3。

象形图：

警示词：危险。

物理化学危险性：极易燃，其蒸气与空气混合，能形成爆炸性混合物。在空气中久置后能形成有爆炸性的过氧化物。容易自聚。

健康危害：

急性中毒：低浓度引起眼、鼻及上呼吸道刺激症状及支气管炎，高浓度吸入尚有麻醉作用。中毒表现有头痛、嗜睡、神志不清及支气管炎、肺水肿、腹泻、蛋白尿、肝和心肌脂肪性变，可致死。误服出现胃肠道刺激症状、麻醉作用及心、肝、肾损害。对皮肤有致敏性。反复接触蒸气引起皮炎、结膜炎。

慢性中毒：类似酒精中毒。表现有体重减轻、贫血、谵妄、视听、幻觉、智力丧失和精神障碍。

侵入途径：吸入、食入、经皮吸收。

职业接触限值：

中国：MAC　45mg/m^3[G2B]。

美国(ACGIH)：TLV-C　25ppm。

包装与储运

联合国危险性类别：3

联合国次要危险性：—

联合国包装类别：Ⅰ类

安全储运：

储存于阴凉、通风的库房。远离火种、热源。库温不宜超过 29℃。包装要求密封，不可与空气接触。应与氧化剂、还原剂、酸类等分开存放，切忌混储。不宜大量储存或久存。采用防爆型照明、通风设施。禁止使用易产生火花的机械设备和工具。储区应备有泄漏应急处理设备和合适的收容材料。

本品铁路运输时限使用耐压液化气企业自备罐车装运，装运前需报有关部门批准。运输时运输车辆应配备相应品种和数量的消防器材及泄漏应急处理设备。夏季最好早晚运输。运输时所用的槽(罐)车应有接地链，槽内可设孔隔板以减少震荡产生静电。严禁与氧化剂、还原剂、酸类、食用化学品等混装混运。运输途中应防曝晒、雨淋，防高温。中途停留时应远离火种、热源、高温区。装运该物品的车辆排气管必须配备阻火装置，禁止使用易产生火花的机械设备和工具装卸。公路运输时要按规定路线行驶，勿在居民区和人口稠密区停留。铁路运输时要禁止溜放。严禁用木船、水泥船散装运输。

紧急处置信息

急救措施：

吸入：迅速脱离现场至空气新鲜处。保持呼吸道通畅。如呼吸困难，给输氧。呼吸、心跳停止，立即进行心肺复苏术。就医。

眼睛接触：立即分开眼睑，用流动清水或生理盐水彻底冲洗。就医。

皮肤接触：立即脱去污染的衣着，用肥皂水和清水彻底冲洗。就医。

食入：漱口，大量饮水。就医。

灭火方法：

消防人员必须佩戴空气呼吸器、穿全身防火防毒服，在上风向灭火。尽可能将容器从火场移至空旷处。喷水保持火场容器冷却，直至灭火结束。容器突然发出异常声音或出现异常现象，应立即撤离。遇到大火，消防人员须在有防爆掩蔽处操作。

灭火剂：用抗溶性泡沫、二氧化碳、干粉、砂土灭火。

泄漏应急处置：

消除所有点火源。根据液体流动和蒸气扩散的影响区域划定警戒区，无关人员从侧风、上风向撤离至安全区。建议应急处理人员戴正压自给式呼吸器，穿防静电服，戴橡胶手套。作业时使用的所有设备应接地。禁止接触或跨越泄漏物。尽可能切断泄漏源。防止泄漏物进入水体、下水道、地下室或有限空间。

小量泄漏：用砂土或其他不燃材料吸收。使用洁净的无火花工具收集吸收材料。

大量泄漏：构筑围堤或挖坑收容。用砂土、惰性物质或蛭石吸收大量液体。用硫酸氢钠（$NaHSO_4$）中和。用抗溶性泡沫覆盖，减少蒸发。喷水雾能减少蒸发，但不能降低泄漏物在有限空间内的易燃性。用防爆泵转移至槽车或专用收集器内。喷雾状水驱散蒸气、稀释液体泄漏物。

93. 乙炔

化学品标识信息

中文名称：乙炔 **别名：**电石气
英文名称：acetylene；ethyne
CAS 号：74-86-2
UN 号：1001(溶解)；3374(无溶剂)
主要用途：是有机合成的重要原料之一。亦是合成橡胶、合成纤维和塑料的单体，也用于氧炔焊割。

理化特性

物理状态、外观：无色无味气体，工业品有使人不愉快的大蒜气味。
爆炸下限[%(V/V)]：2.5
爆炸上限[%(V/V)]：82
熔点(℃)：-81.8(119kPa)
沸点(℃)：-83.8(升华)
相对密度(水=1)：0.62(-82℃)
相对蒸气密度(空气=1)：0.91
饱和蒸气压(kPa)：4460(20℃)
燃烧热(kJ/mol)：1298.4
临界温度(℃)：35.2
临界压力(MPa)：6.19
辛醇/水分配系数：0.37
闪点(℃)：-18.15
自燃温度(℃)：305

危险性概述

危险性说明：极易燃气体，无空气也可能迅速反应。内装加压气体；遇热可能爆炸。

危险性类别： 易燃气体，类别 1；化学不稳定性气体，类别 A；加压气体。

象形图： 

警示词： 危险。

物理化学危险性： 极易燃，与空气混合能形成爆炸性混合物。

健康危害：

具有弱麻醉作用。高浓度吸入可引起单纯窒息。

暴露于 20% 浓度时，出现明显缺氧症状；吸入高浓度，初期兴奋、多语、哭笑不安，后出现眩晕、头痛、恶心、呕吐、共济失调、嗜睡；严重者昏迷、紫绀、瞳孔对光反应消失、脉弱而不齐。当混有磷化氢、硫化氢时，毒性增大，应予以注意。

侵入途径： 吸入。

职业接触限值：

中国：未制定标准。

美国（ACGIH）：未制定标准。

包装与储运

联合国危险性类别： 2.1

联合国次要危险性： —

联合国包装类别： —

安全储运：

乙炔的包装法通常是溶解在溶剂及多孔物中，装入钢瓶内。储存于阴凉、通风的易燃气体专用库房。远离火种、热源。库温不宜超过 30℃。应与氧化剂、酸类、卤素分开存放，切忌混储。采用防爆型照明、通风设施。禁止使用易产生火花的机械设备和工具。储区应备有泄漏应急处理设备。

采用钢瓶运输时必须戴好钢瓶上的安全帽。钢瓶一般平放，并应将瓶口朝同一方向，不可交叉；高度不得超过车辆的防护栏板，并用三角木垫卡牢，防止滚动。运输时运输车辆应配备相应品种和数量的消防器材。装运该物品的车辆排气管必须配备阻火装置，禁止使用易产生火花的机械设备和工具装卸。严禁与氧化剂、酸类、卤素等混装混运。夏季应早晚运输，防止日光曝晒。中途停留时应远离火种、热源。公路运输时要按规定路线行驶，勿在居民区和人口稠密区停留。铁路运输时要禁止溜放。

紧急处置信息

急救措施：

吸入：迅速脱离现场至空气新鲜处。保持呼吸道通畅。如呼吸困难，给输氧。呼吸、心跳停止，立即进行心肺复苏术。就医。

灭火方法：

切断气源。若不能切断气源，则不允许熄灭泄漏处的火焰。消防人员必须佩戴空气呼吸器、穿全身防火防毒服，在上风向灭火。尽可能将容器从火场移至空旷处。喷水保持火场容器冷却，直至灭火结束。

灭火剂：用雾状水、泡沫、二氧化碳、干粉灭火。

泄漏应急处置：消除所有点火源。根据气体扩散的影响区域划定警戒区，无关人员从侧风、上风向撤离至安全区。建议应急处理人员戴正压自给式呼吸器，穿防静电服。作业时使用的所有设备应接地。尽可能切断泄漏源。若可能翻转容器，使之逸出气体而非液体。喷雾状水抑制蒸气或改变蒸气云流向，避免水流接触泄漏物。禁止用水直接冲击泄漏物或泄漏源。防止气体通过下水道、通风系统和有限空间扩散。隔离泄漏区直至气体散尽。

94. 乙酸乙烯酯

化学品标识信息

中文名称：乙酸乙烯酯 **别名**：醋酸乙烯酯

英文名称：vinyl acetate；ethenyl ethanoate

CAS 号：108-05-4 **UN 号**：1301

主要用途：用于有机合成，主要用于合成维尼纶，也用于黏结剂和涂料工业等。

理化特性

物理状态、外观：无色透明液体，有水果香味。

爆炸下限[%(V/V)]：2.6

爆炸上限[%(V/V)]：13.4

熔点(℃)：-93.2

沸点(℃)：71.8~73

相对密度(水=1)：0.93(20℃)

相对蒸气密度(空气=1)：3.0

饱和蒸气压(kPa)：15.33(25℃)

燃烧热(kJ/mol)：-1953.6

临界压力(MPa)：4.25

辛醇/水分配系数：0.73

闪点(℃)：-8(CC)；0.5~0.9(OC)

自燃温度(℃)：402

临界温度(℃)：252

黏度(mPa · s)：0.43(20℃)

危险性概述

危险性说明：高度易燃液体和蒸气，吸入有害，怀疑致癌，可能引起呼吸道刺激，对水生生物有害并具有长期持续影响。

危险性类别： 易燃液体，类别 2；急性毒性-吸入，类别 4；致癌性，类别 2；特异性靶器官毒性--一次接触，类别 3(呼吸道刺激)；危害水生环境-急性危害，类别 3；危害水生环境-长期危害，类别 3。

象形图：   

警示词： 危险。

物理化学危险性： 高度易燃，其蒸气与空气混合，能形成爆炸性混合物。容易自聚。

健康危害： 本品对眼睛、皮肤、黏膜和上呼吸道有刺激性。长时间接触有麻醉作用。

侵入途径： 吸入、食入、经皮吸收。

职业接触限值：

中国：PC - TWA 10mg/m^3；PC - STEL 15mg/m^3 [G2B]。

美国(ACGIH)：TLV - TWA 10ppm；TLV - STEL 150ppm。

包装与储运

联合国危险性类别： 3

联合国次要危险性：

联合国包装类别： Ⅱ类

安全储运：

通常商品加有阻聚剂。储存于阴凉、通风的库房。库温不宜超过 37℃。远离火种、热源。包装要求密封，不可与空气接触。应与氧化剂、酸类、碱类等分开存放，切忌混储。不宜大量储存或久存。采用防爆型照明、通风设施。禁止使用易产生火花的机械设备和工具。储区应备有泄漏应急处理设备和合适的收容材料。

运输时运输车辆应配备相应品种和数量的消防器材及泄漏应急处理设备。夏季最好早晚运输。运输时所用的槽(罐)车应有接地链，槽内可设孔隔板以减少震荡产生静电。严禁与氧化剂、酸类、碱类、食用化学品等混装混运。运输途中应防曝晒、雨淋，防高温。中途停留时应远离火种、热源、高温区。装运该物品的车辆排气管必须配备阻火装置，禁止使用易产生火花的机械设备和工具装卸。公路运输时要按规定路线行驶，勿在居民区和人口稠密区停留。铁路运输时要禁止溜放。严禁用木船、水泥船散装运输。

紧急处置信息

急救措施：

吸入：迅速脱离现场至空气新鲜处。保持呼吸道通畅。如呼吸困难，给输氧。呼吸、心跳停止，立即进行心肺复苏术。就医。

皮肤接触：立即脱去污染的衣着，用流动清水彻底冲洗。就医。

眼睛接触：立即分开眼睑，用流动清水或生理盐水彻底冲洗。就医。

食入：漱口，饮水。就医。

灭火方法：

消防人员须佩戴防毒面具、穿全身消防服，在上风向灭火。尽可能将容器从火场移至空旷处。喷水保持火场容器冷却，直至灭火结束。容器突然发出异常声音或出现异常现象，应立即撤离。用水灭火无效。
灭火剂：用泡沫、二氧化碳、干粉、砂土灭火。

泄漏应急处置：

消除所有点火源。根据液体流动和蒸气扩散的影响区域划定警戒区，无关人员从侧风、上风向撤离至安全区。建议应急处理人员戴正压自给式呼吸器，穿防静电服，戴橡胶耐油手套。作业时使用的所有设备应接地。禁止接触或跨越泄漏物。尽可能切断泄漏源。防止泄漏物进入水体、下水道、地下室或有限空间。

小量泄漏：用砂土或其他不燃材料吸收。使用洁净的无火花工具收集吸收材料。

大量泄漏：构筑围堤或挖坑收容。用砂土、惰性物质或蛭石吸收大量液体。用抗溶性泡沫覆盖，减少蒸发。喷水雾能减少蒸发，但不能降低泄漏物在有限空间内的易燃性。用防爆泵转移至槽车或专用收集器内。喷雾状水驱散蒸气、稀释液体泄漏物。

95. 乙酸乙酯

化学品标识信息

中文名称：乙酸乙酯　**别名**：醋酸乙酯

英文名称：ethyl acetate；acetic ester

CAS 号：141-78-6　**UN 号**：1173

主要用途：用途很广。主要用作溶剂，及用于染料和一些医药中间体的合成。

理化特性

物理状态、外观：无色澄清液体，有芳香气味，易挥发。

爆炸下限[%(V/V)]：2.2

爆炸上限[%(V/V)]：11.5

熔点(℃)：-83.6

沸点(℃)：77.2

相对密度(水=1)：0.90(20℃)

相对蒸气密度(空气=1)：3.04

饱和蒸气压(kPa)：10.1(20℃)

燃烧热(kJ/mol)：-2072

临界压力(MPa)：3.83

辛醇/水分配系数：0.73

闪点(℃)：-4(TCC)；7.2(OC)

自燃温度(℃)：426.7

临界温度(℃)：250.1

黏度(mPa · s)：0.44(25℃)

危险性概述

危险性说明：高度易燃液体和蒸气，造成眼刺激，可能引起昏昏欲睡或眩晕。

危险性类别：易燃液体，类别2；严重眼损伤/眼刺激，类别2；特异性靶器官毒性--一次接触，类别3(麻醉效应)。

象形图：

警示词：危险。

物理化学危险性：高度易燃，其蒸气与空气混合，能形成爆炸性混合物。

健康危害：

对眼、鼻、咽喉有刺激作用。高浓度吸入有进行性麻醉作用，急性肺水肿，肝、肾损害。持续大量吸入，可致呼吸麻痹。误服者可产生恶心、呕吐、腹痛、腹泻等。因血管神经障碍而致牙龈出血。可致湿疹样皮炎。

慢性影响：长期接触本品有时可致角膜混浊、继发性贫血、白细胞增多等。

侵入途径：吸入、食入、经皮吸收。

职业接触限值：

中国：PC-TWA 200mg/m^3；PC-STEL 300mg/m^3。

美国(ACGIH)：TLV-TWA 400ppm。

包装与储运

联合国危险性类别：3

联合国次要危险性：—

联合国包装类别：Ⅱ类

安全储运：

储存于阴凉、通风的库房。远离火种、热源。库温不宜超过 37℃。保持容器密封。应与氧化剂、酸类、碱类分开存放，切忌混储。采用防爆型照明、通风设施。禁止使用易产生火花的机械设备和工具。储区应备有泄漏应急处理设备和合适的收容材料。

运输时运输车辆应配备相应品种和数量的消防器材及泄漏应急处理设备。夏季最好早晚运输。运输时所用的槽(罐)车应有接地链，槽内可设孔隔板以减少震荡产生静电。严禁与氧化剂、酸类、碱类、食用化学品等混装混运。运输途中应防曝晒、雨淋，防高温。中途停留时应远离火种、热源、高温区。装运该物品的车辆排气管必须配备阻火装置，禁止使用易产生火花的机械设备和工具装卸。公路运输时要按规定路线行驶，勿在居民区和人口稠密区停留。铁路运输时要禁止溜放。严禁用木船、水泥船散装运输。

紧急处置信息

急救措施：

吸入：迅速脱离现场至空气新鲜处。保持呼吸道通畅。如呼吸困难，给输氧。呼吸、心跳停止，立即进行心肺复苏术。就医。

皮肤接触：立即脱去污染的衣着，用流动清水彻底冲洗。就医。

眼睛接触：立即分开眼睑，用流动清水或生理盐水彻底冲洗。就医。

食入：漱口，饮水。就医。

灭火方法：

消防人员必须佩戴空气呼吸器、穿全身防火防毒服，在上风向灭火。尽可能将容器从火场移至空旷处。喷水保持火场容器冷却，直至灭火结束。容器突然发出异常声音或出现异常现象，应立即撤离。用水灭火无效。

灭火剂：用泡沫、二氧化碳、干粉、砂土灭火。

泄漏应急处置：

消除所有点火源。根据液体流动和蒸气扩散的影响区域划定警戒区，无关人员从侧风、上风向撤离至安全区。建议应急处理人员戴正压自给式呼吸器，穿防静电服，戴橡胶耐油手套。作业时使用的所有设备应接地。禁止接触或跨越泄漏物。尽可能切断泄漏源。防止泄漏物进入水体、下水道、地下室或有限空间。

小量泄漏：用砂土或其他不燃材料吸收。使用洁净的无火花工具收集吸收材料。

大量泄漏：构筑围堤或挖坑收容。用泡沫覆盖，减少蒸发。喷水雾能减少蒸发，但不能降低泄漏物在有限空间内的易燃性。用防爆泵转移至槽车或专用收集器内。喷雾状水驱散蒸气、稀释液体泄漏物。

96. 乙烷

化学品标识信息

中文名称：乙烷　**别名**：

英文名称：ethane

CAS 号：74-84-0　**UN 号**：1035；1961(液化)

主要用途：用于制乙烯、氯乙烯、氯乙烷，用作冷冻剂、燃料等。

理化特性

物理状态：无色无味气体。

爆炸上限[%(V/V)]：12.5

爆炸下限[%(V/V)]：3.0

熔点(℃)：−172～−183

沸点(℃)：−88.6

相对蒸气密度(空气=1)：1.05

相对密度(水=1)：0.45(0℃)

饱和蒸气压(kPa)：3850(20℃)

燃烧热(kJ/mol)：1558.3

临界压力(MPa)：4.87

辛醇/水分配系数：1.81

闪点(℃)：−135

自燃温度(℃)：472

临界温度(℃)：32.2

黏度(mPa · s)：0.009(27℃)

危险性概述

危险性说明：极易燃气体，内装加压气体；遇热可能爆炸。

危险性类别： 易燃气体，类别 1；加压气体。

象形图：  

警告词： 危险。

物理、化学危险性： 极易燃，与空气混合能形成爆炸性混合物。

健康危害： 高浓度时，有单纯性窒息作用，有轻度麻醉作用。空气中浓度大于 6% 时，出现眩晕、轻度恶心、麻醉症状；达 40% 以上时，可引起惊厥，甚至窒息死亡。

侵入途径： 吸入。

职业接触限值：

中国：未制定标准。

美国(ACGIH)：TLV-TWA 1000ppm。

包装与储运

联合国危险性类别： 2.1

联合国次要危险性： —

联合国包装类别： —

安全储运：

储存于阴凉、通风的易燃气体专用库房。远离火种、热源。库温不宜超过 30℃。应与氧化剂、卤素分开存放，切忌混储。采用防爆型照明、通风设施。禁止使用易产生火花的机械设备和工具。储区应备有泄漏应急处理设备。

采用钢瓶运输时必须戴好钢瓶上的安全帽。钢瓶一般平放，并应将瓶口朝同一方向，不可交叉；高度不得超过车辆的防护栏板，并用三角木垫卡牢，防止滚

动。运输时运输车辆应配备相应品种和数量的消防器材。装运该物品的车辆排气管必须配备阻火装置，禁止使用易产生火花的机械设备和工具装卸。严禁与氧化剂、卤素等混装混运。夏季应早晚运输，防止日光曝晒。中途停留时应远离火种、热源。公路运输时要按规定路线行驶，勿在居民区和人口稠密区停留。铁路运输时要禁止溜放。

紧急处置信息

急救措施：

吸入：迅速脱离现场至空气新鲜处。保持呼吸道通畅。如呼吸困难，给输氧。呼吸、心跳停止，立即进行心肺复苏术。就医。

灭火方法：

切断气源。若不能切断气源，则不允许熄灭泄漏处的火焰。消防人员必须佩戴空气呼吸器、穿全身防火防毒服，在上风向灭火。尽可能将容器从火场移至空旷处。喷水保持火场容器冷却，直至灭火结束。

灭火剂：用雾状水、泡沫、二氧化碳、干粉灭火。

泄漏应急处置：

消除所有点火源。根据气体扩散的影响区域划定警戒区，无关人员从侧风、上风向撤离至安全区。建议应急处理人员戴正压自给式呼吸器，穿防静电服。作业时使用的所有设备应接地。尽可能切断泄漏源。若可能翻转容器，使之逸出气体而非液体。喷雾状水抑制蒸气或改变蒸气云流向，避免水流接触泄漏物。禁止用水直接冲击泄漏物或泄漏源。防止气体通过下水道、通风系统和有限空间扩散。隔离泄漏区直至气体散尽。

97. 乙烯

化学品标识信息

中文名称：乙烯 **别名**：

英文名称：ethylene；ethene

CAS 号：74-85-1 **UN 号**：1962；1038(液化)

主要用途：用于制聚乙烯、聚氯乙烯、醋酸等。

理化特性

物理状态、外观：无色气体，略具烃类特有的臭味。

爆炸下限[%(V/V)]：2.7 **爆炸上限[%(V/V)]**：36.0

熔点(℃)：−169.4 **沸点(℃)**：−104

相对密度(水=1)：0.61(0℃)

相对蒸气密度(空气=1)：0.98

饱和蒸气压(kPa)：4083.40(0℃)

燃烧热(kJ/mol)：−1323.8 **临界温度(℃)**：9.6

临界压力(MPa)：5.07 **辛醇/水分配系数**：1.13

闪点(℃)：−135 **自燃温度(℃)**：450

黏度(mPa·s)：0.01(20℃)

危险性概述

危险性说明：极易燃气体，内装加压气体；遇热可能爆炸，可能引起昏昏欲睡或眩晕。

危险性类别：易燃气体，类别 1；加压气体；特异性靶器官毒性-一次接触，类别 3(麻醉效应)。

象形图：  

警示词：危险。

物理化学危险性：极易燃，与空气混合能形成爆炸性混合物。

健康危害：

具有较强的麻醉作用。

急性中毒：吸入高浓度乙烯可立即引起意识丧失，无明显的兴奋期，但吸入新鲜空气后，可很快苏醒。对眼及呼吸道黏膜有轻微刺激性。液态乙烯可致皮肤冻伤。

慢性影响：长期接触，可引起头昏、全身不适、乏力、思维不集中。个别人有胃肠道功能紊乱。

侵入途径：吸入。

职业接触限值：

中国：未制定标准。

美国(ACGIH)：TLV-TWA　200ppm。

包装与储运

联合国危险性类别：2.1

联合国次要危险性：—

联合国包装类别：—

安全储运：

储存于阴凉、通风的易燃气体专用库房。远离火种、热源。库温不宜超过30℃。应与氧化剂、卤素分开存放，切忌混储。采用防爆型照明、通风设施。禁止使用易产生火花的机械设备和工具。储区应备有泄漏应急处理设备。

采用钢瓶运输时必须戴好钢瓶上的安全帽。钢瓶一般平放，并应将瓶口朝同一方向，不可交叉；高度不得超过车辆的防护栏板，并用三角木垫卡牢，防止滚动。运输时运输车辆应配备相应品种和数量的消防器材。装运该物品的车辆排气管必须配备阻火装置，禁止使用易产生火花的机械设备和工具装卸。

严禁与氧化剂、卤素等混装混运。夏季应早晚运输，防止日光曝晒。中途停留时应远离火种、热源。公路运输时要按规定路线行驶，勿在居民区和人口稠密区停留。铁路运输时要禁止溜放。

紧急处置信息

急救措施：

吸入：迅速脱离现场至空气新鲜处。保持呼吸道通畅。如呼吸困难，给输氧。呼吸、心跳停止，立即进行心肺复苏术。就医。

皮肤接触：如发生冻伤，用温水(38~42℃)复温，忌用热水或辐射热，不要揉搓。就医。

灭火方法：

切断气源。若不能切断气源，则不允许熄灭泄漏处的火焰。消防人员必须佩戴空气呼吸器、穿全身防火防毒服，在上风向灭火。尽可能将容器从火场移至空旷处。喷水保持火场容器冷却，直至灭火结束。

灭火剂：用雾状水、泡沫、二氧化碳、干粉灭火。

泄漏应急处置：

消除所有点火源。根据气体扩散的影响区域划定警戒区，无关人员从侧风、上风向撤离至安全区。建议应急处理人员戴正压自给式呼吸器，穿防静电服。作业时使用的所有设备应接地。禁止接触或跨越泄漏物。尽可能切断泄漏源。若可能翻转容器，使之逸出气体而非液体。喷雾状水抑制蒸气或改变蒸气云流向，避免水流接触泄漏物。禁止用水直接冲击泄漏物或泄漏源。防止气体通过下水道、通风系统和限制性空间扩散。隔离泄漏区直至气体散尽。

98. 异氰酸甲酯

化学品标识信息

中文名称：甲基异氰酸酯　　**别名**：异氰酸甲酯

英文名称：methyl isocyanate；isocyanatomethane

CAS 号：624-83-9　　**UN 号**：2480

主要用途：作为有机合成原料，用作农药西维因的中间体。

理化特性

物理状态：带有强烈气味的无色液体，有催泪性。

爆炸上限[%(V/V)]：26

爆炸下限[%(V/V)]：5.3

熔点(℃)：-45

沸点(℃)：37~39

相对蒸气密度(空气=1)：1.42~1.97

相对密度(水=1)：0.96

饱和蒸气压(kPa)：46.3(20℃)

燃烧热(kJ/mol)：1126.1

临界压力(MPa)：5.48

辛醇/水分配系数：0.79

闪点(℃)：-7

自燃温度(℃)：535

危险性概述

危险性说明：高度易燃液体和蒸气，吞咽会中毒，皮肤接触会中毒，吸入致命，造成皮肤刺激，造成严重眼损伤，吸入可能导致过敏或哮喘症状或呼吸困难，可能导致皮肤过敏反应，怀疑对生育力或胎儿造成伤害，可能引起呼吸道刺激。

危险性类别：易燃液体，类别2；急性毒性-经口，类别3；急性毒性-经皮，类别3；急性毒性-吸入，类别2；皮肤腐蚀/刺激，类别2；严重眼损伤/眼刺激，类别1；呼吸道致敏物，类别1；皮肤致敏物，类别1；生殖毒性，类别2；特异性靶器官毒性--次接触，类别3(呼吸道刺激)。

象形图：   

警告词：危险。

物理、化学危险性：高度易燃，其蒸气与空气混合，能形成爆炸性混合物。遇水产生有毒和易燃的气体。容易自聚。

健康危害：吸入低浓度本品蒸气或雾对呼吸道有刺激性；高浓度吸入可因支气管和喉的炎症、痉挛，严重的肺水肿而致死。蒸气对眼有强烈的刺激性，引起流泪、角膜上皮水肿、角膜云翳。溅入眼内可造成角膜坏死而失明。液态对皮肤有强烈的刺激性。口服刺激胃肠道。对皮肤和呼吸道有致敏性。

侵入途径：吸入、食入、经皮吸收。

职业接触限值：

中国：PC-TWA　0.05mg/m^3；PC-STEL　0.08mg/m^3[皮]。

美国(ACGIH)：TLV-TWA　0.02ppm[皮]。

包装与储运

联合国危险性类别： 6.1
联合国次要危险性： 3
联合国包装类别： Ⅰ类
安全储运：

储存于阴凉、干燥、通风良好的专用库房内，实行“双人收发、双人保管”制度。远离火种、热源。库温不宜超过37℃，包装要求密封，不可与空气接触。应与氧化剂、酸类、醇类、碱类、食用化学品分开存放，切忌混储。采用防爆型照明、通风设施。禁止使用易产生火花的机械设备和工具。储区应备有泄漏应急处理设备和合适的收容材料。

运输时运输车辆应配备相应品种和数量的消防器材及泄漏应急处理设备。夏季最好早晚运输。运输时所用的槽(罐)车应有接地链，槽内可设孔隔板以减少震荡产生静电。严禁与氧化剂、酸类、醇类、碱类、食用化学品等混装混运。运输途中应防曝晒、雨淋，防高温。中途停留时应远离火种、热源、高温区。装运该物品的车辆排气管必须配备阻火装置，禁止使用易产生火花的机械设备和工具装卸。公路运输时要按规定路线行驶，勿在居民区和人口稠密区停留。铁路运输时要禁止溜放。严禁用木船、水泥船散装运输。

紧急处置信息

急救措施：

吸入：迅速脱离现场至空气新鲜处。保持呼吸道通畅。如呼吸困难，给输氧。呼吸、心跳停止，立即进行心肺复苏术。就医。

皮肤接触：立即脱去污染的衣着，用流动清水彻底冲洗。就医。

眼睛接触：立即分开眼睑，用流动清水或生理盐水彻底冲洗5~10min。就医。

食入：漱口，饮水。就医。

灭火方法：

消防人员须佩戴防毒面具、穿全身消防服，在上风向灭火。尽可能将容器从火场移至空旷处。容器突然发出异常声音或出现异常现象，应立即撤离。禁止用水、泡沫和酸碱灭火剂灭火。

灭火剂：用二氧化碳、干粉、砂土灭火。

泄漏应急处置：

消除所有点火源。根据液体流动和蒸气扩散的影响区域划定警戒区，无关人员从侧风、上风向撤离至安全区。建议应急处理人员戴正压自给式呼吸器，穿防毒、防静电服，戴橡胶耐油手套。作业时使用的所有设备应接地。穿上适当的防护服前严禁接触破裂的容器和泄漏物。尽可能切断泄漏源。防止泄漏物进入水体、下水道、地下室或有限空间。严禁用水处理。

小量泄漏：用干燥的砂土或其他不燃材料覆盖泄漏物。

大量泄漏：构筑围堤或挖坑收容。用防爆泵转移至槽车或专用收集器内。

99. 原油

化学品标识信息

中文名称： 原油　　**别名：** 石油

英文名称： petroleum；crude oil

CAS 号： 8002-05-9　　**UN 号：** 1267

主要用途： 原油主要被用来作为燃油和生产各种油品等，也是许多化学工业产品，如溶剂、化肥、杀虫剂和塑料等的原料。

理化特性

物理状态、外观： 原油是一种从地下深处开采出来的黄色、褐色乃至黑色的可燃性黏稠液体。

爆炸上限[%(V/V)]： 5

熔点(℃)： -30~30

沸点(℃)： -1~565

相对密度(水=1)： >1

相对蒸气密度(空气=1)： 0.74~1.03

危险性概述

危险性说明： (1)极易燃液体和蒸气；(2)高度易燃液体和蒸气；(3)易燃液体和蒸气。

危险性类别： (1)闪点<23℃和初沸点≤35℃：易燃液体，类别 1；

(2)闪点<23℃和初沸点>35℃：易燃液体，类别 2；

(3)23℃≤闪点≤60℃：易燃液体，类别 3。

象形图： 

警示词：(1)危险；(2)危险；(3)警告。

物理化学危险性：易燃。其蒸气与空气可形成爆炸性混合物，遇明火、高热能引起燃烧爆炸。流速过快，容易产生和积聚静电。其蒸气密度比空气密度大，能在较低处扩散到相当远的地方，遇火源会着火回燃和爆炸(闪爆)。

健康危害：石油对健康的危害取决于石油的组成成分，对健康危害最典型的是苯及其衍生物，含苯的新鲜石油对人体危害的急性反应症状有：味觉反应迟钝、昏迷、反应迟缓、头痛、眼睛流泪等，长期接触可引起白血病发病率的增加。

侵入途径：吸入、食入。

职业接触限值：

中国：未制定标准。

美国(ACGIH)：未制定标准。

包装与储运

联合国危险性类别：3

联合国次要危险性：—

联合国包装类别：(1) Ⅰ类，(2) Ⅱ类，(3) Ⅲ类

安全储运：

储存于阴凉、通风的仓库内。远离火种、热源。库房内温度不宜超过30℃。保持容器密闭。应与氧化剂、酸类物质分开存放。储存间采用防爆型照明、通风等设施。禁止使用产生火花的机械设备和工具。储存区应备有泄漏应急处理设备。灌装时，注意流速不超过3m/s，且有接地装置，防止静电积聚。

运输车辆应有危险货物运输标志、安装具有行驶记录功能的卫星定位装置。未经公安机关批准，运输车辆不得进入危险化学品运输车辆限制通行的区域。严禁与氧化剂、食用化学品等混装混运。运输时所用的槽(罐)车应有导静电拖线，槽内可设孔隔板以减少震荡产生静电。装运该物品的车辆排气管必须配备阻火装置，禁止使用易产生火花的机械设备和工具装卸。运输时运输车辆应配备相应品种和数量的消防器材。运输途中应防曝晒、防雨淋、防高温。中途停留时应远离火种、热源、高温区，勿在居民区和人口稠密区停留。输油管道地下铺设时，沿线应设置里程桩、转角桩、标志桩和测试桩，并设警示标志。运行应符合有关法律法规规定。

紧急处置信息

急救措施：

吸入：将中毒者移到空气新鲜处，观察呼吸。如果出现咳嗽或呼吸困难，考虑呼吸道刺激、支气管炎或局部性肺炎。必要时给吸氧，帮助通气。

食入：禁止催吐。可给予1~2杯水稀释。尽快就医。

皮肤接触：脱去污染的衣物，用大量水冲洗皮肤或淋浴。

眼睛接触：用大量清水冲洗至少15min，尽快就医。冲洗之前应先摘除隐形眼镜。

灭火方法：

消防人员必须穿全身防火防毒服，佩戴空气呼吸器，在上风向灭火。喷水冷却燃烧罐和临近罐，直至灭火结束。处在火场中的储罐若发生异常变化或发出异常声音，必须马上撤离。着火油罐出现沸溢、喷溅前兆时，应立即撤离灭火剂。

灭火剂：用泡沫、干粉、二氧化碳、砂土灭火。

泄漏应急处置：

消除所有点火源。根据液体流动和蒸气扩散的影响区域划定警戒区，无关人员从侧风、上风向撤离至安全区。建议应急处理人员戴正压自给式呼吸器，穿防静电服，戴橡胶耐油手套。作业时使用的所有设备应接地。禁止接触或跨越泄漏物。尽可能切断泄漏源。防止泄漏物进入水体、下水道、地下室或限制性空间。

小量泄漏：用砂土或其他不燃材料吸收。使用洁净的无火花工具收集吸收材料。

大量泄漏：构筑围堤或挖坑收容。用砂土、惰性物质或蛭石吸收大量液体。用泡沫覆盖，减少蒸发。喷水雾能减少蒸发，但不能降低泄漏物在限制性空间内的易燃性。用防爆泵转移至槽车或专用收集器内。

100. 正磷酸

化学品标识信息

中文名称： 磷酸　　**别名：** 正磷酸

英文名称： phosphoric acid；ortho-phosphoric acid

CAS 号： 7664-38-2

UN 号： 1805(溶液)；3453(固态)

主要用途： 用于制药、颜料、电镀、防锈等。

理化特性

物理状态、外观： 纯磷酸为无色结晶，无臭，具有酸味。

熔点(℃)： 42.4(纯品)

沸点(℃)： 260

相对密度(水=1)： 1.87(纯品)

相对蒸气密度(空气=1)： 3.38

饱和蒸气压(kPa)： 0.0038(20℃)

临界压力(MPa)： 5.07

辛醇/水分配系数： -0.77

危险性概述

危险性说明： 造成严重的皮肤灼伤和眼损伤，对水生生物有害。

危险性类别： 皮肤腐蚀/刺激，类别 1B；严重眼损伤/眼刺激，类别 1；危害水生环境-急性危害，类别 3。

象形图：

警示词： 危险。

物理化学危险性： 不燃，无特殊燃爆特性。

健康危害：

蒸气或雾对眼、鼻、喉有刺激性。口服液体可引起恶心、呕吐、腹痛、血便或休克。皮肤或眼接触可致灼伤。

慢性影响：鼻黏膜萎缩、鼻中隔穿孔。长期反复皮肤接触，可引起皮肤刺激。

侵入途径： 吸入、食入。

职业接触限值：

中国：PC-TWA 1mg/m^3；PC-STEL 3mg/m^3。

美国(ACGIH)：TLV-TWA 1mg/m^3；TLV-STEL 3mg/m^3。

包装与储运

联合国危险性类别： 8

联合国次要危险性：

联合国包装类别： Ⅲ类

安全储运：

储存于阴凉、通风的库房。远离火种、热源。库温不超过30℃，相对湿度不超过80%。包装密封。应与易(可)燃物、碱类、活性金属粉末分开存放，切忌混储。储区应备有合适的材料收容泄漏物。

起运时包装要完整，装载应稳妥。运输过程中要确保容器不泄漏、不倒塌、不坠落、不损坏。严禁与易燃物或可燃物、碱类、活性金属粉末、食用化学品等混装混运。运输时运输车辆应配备泄漏应急处理设备。运输途中应防曝晒、雨淋，防高温。

紧急处置信息

急救措施：

吸入：迅速脱离现场至空气新鲜处。保持呼吸道通畅。如呼吸困难，给输氧。呼吸、心跳停止，立即进行心肺复苏术。就医。

皮肤接触：立即脱去污染的衣着，用大量流动清水彻底冲洗至少 15min。就医。

眼睛接触：立即分开眼睑，用流动清水或生理盐水彻底冲洗 5~10min。就医。

食入：用水漱口，禁止催吐。给饮牛奶或蛋清。就医。

灭火方法：

消防人员必须穿全身耐酸碱消防服、佩戴空气呼吸器灭火。尽可能将容器从火场移至空旷处。喷水保持火场容器冷却，直至灭火结束。

灭火剂：本品不燃。根据着火原因选择适当灭火剂灭火。

泄漏应急处置：

隔离泄漏污染区，限制出入。建议应急处理人员戴防尘口罩，穿防酸碱服，戴橡胶耐酸碱手套。穿上适当的防护服前严禁接触破裂的容器和泄漏物。尽可能切断泄漏源。用塑料布覆盖泄漏物，减少飞散。勿使水进入包装容器内。用洁净的铲子收集泄漏物，置于干净、干燥、盖子较松的容器中，将容器移离泄漏区。

参 考 文 献

[1] 孙万付主编. 危险化学品安全技术全书(第三版). 北京：化学工业出版社，2017.

[2] 孙万付主编. 危险化学品安全技术大典(Ⅰ-Ⅴ卷). 北京：中国石化出版社，2010 ~2018.

[3] 何凤生. 中华职业医学. 北京：人民卫生出版社，1999.

[4] 任引津. 实用急性中毒全书. 北京：人民卫生出版社，2003.

[5] 夏元洵主编. 化学物质毒性全书. 上海：上海科学技术文献出版社，1991.

[6] 危险化学品目录(2015 版). 国家安全生产监督管理总局等十部委公告，2015 年第 5 号.

[7] 危险化学品目录(2015 版)实施指南(试行). 安监总厅管三[2015]80 号.

[8] GB 30000. 2~29《化学品分类和标签规范》. 中国国家标准化管理委员会，2013.

[9] GB 12268《危险货物品名表》. 中国国家标准化管理委员会，2012.

[10] GBZ 2. 1—2019《工作场所有害因素职业接触限值 第 1 部分：化学有害因素》. 国家卫生健康委员会，2020. 4.

[11] International Chemical Safety Card. IPCS.

[12] HSDB Database. National Library of Medicine，2017.